作りながら楽しく覚える
Premiere Pro

映像にテキストを
乗せたり、
テキストクリップで
テロップを作成

小池 拓＋大河原浩一 [共著]
Taku Koike ＋Hirokazu Okawara

Rutles

サンプルムービーは以下のサイトからダウンロードできます。

http://www.rutles.net/download/478/index.html

本書に記載されている会社名、製品名は、一般に各社の登録商標または商標です。
本書はAdobe Premiere Pro CC（バージョン12.1.1）を元に制作しています。

はじめに

　スマートフォンで動画が撮影できるようになって久しく、InstagramやYouTube
に動画を投稿することはもはや特別なことではなくなった印象があります。無料や
非常に安価なアプリも多く存在し、動画制作を楽しむ人も増えているようです。

　そしてそのような方達が「もう少し本格的に動画制作をしてみたい」と思った時
に選択肢の1つとしてAdobe Premiere Pro CCが候補に挙がることは多いと思
うのですが、業務レベルにも十分耐えうる様々な機能が搭載されていて自由度が
高い分、どこから手をつけて良いか分からず最初の一歩が踏み出しづらいのでは
という印象を持っている人も多いかと思います。

　本書は「基礎編」と「応用編」に分かれています。「基礎編」ではプロジェクトの
作成、素材ファイルの読み込み、基本的な編集や編集後の微調整、簡単なエフェ
クトやタイトルの追加、そしてムービーフィアルの書き出しといった「まずはPre-
miere Proのこれらの機能と作業の流れを覚えましょう」というコンセプトになって
います。初めて動画編集に挑戦する人も、基礎編の内容がおさえられると簡単な
作品は作れるかと思います。

　「応用編」では「基礎編」からもう一歩踏み込んだ機能の紹介をしています。映
像の再生速度の変更や、色味の調整、アニメーションの設定など、Premiere Pro
に搭載されている様々な機能から比較的多くの方々に必要であろう機能を抜粋し
ました。より凝った作品を作るのに役立つかと思います。

　これから動画制作をしていきたいと考えている方々を対象に「最初の一歩」を
踏み出してもらうにはどうすればよいかというコンセプトで、共著させて頂いた大
河原浩一さんと内容を考えました。趣味で作りたいと思っている方、またお仕事の
一環で社内用の動画を作らなければならない方などの「最初の一歩」のお手伝
いができれば幸いです。

2018年4月　小池　拓

基礎編

- **01** 新規プロジェクトファイルを作る──8
- **02** Premiere Proの4つのパネル──12
- **03** 編集素材を読み込む──14
- **04** プロジェクトパネルの操作──21
- **05** 編集とトリミング──43
- **06** 音量の調整──88
- **07** クリップの速度──97
- **08** エフェクト──105
- **09** 複数のクリップをレイアウトする──122
- **10** 映像にテキストを乗せる──132
- **11** ムービーファイルに書き出す──143

応用編

01 パッチング/ロック/ターゲットを使ったトラックの操作——150

02 スピードを変更しながら編集する——159

03 再生ヘッドを中心にクリップを置き換える——162

04 スリップ編集・スライド編集——165

05 マスクを使った映像編集——168

06 同じエフェクトを他のクリップに適用する——181

07 再生スピードの変更——187

08 テキストクリップでテロップを作成する——190

09 Media Encoder CCを使った複数条件の出力——199

10 3ポイント編集——207

11 トラックマットを使用する——212

12 静止画をクリップとして扱う——220

13 Lumetriを使ったカラーグレーディング——231

14 プログラムモニターの比較表示を使用する——258

15 ショット間でカラーを一致させる——271

索引——278

01

基礎編

ここではPremiere Proの基本操作を
解説します。
映像データの読み込みから、編集、
エフェクト、タイトル、出力まで、
完成するまでの一通りの操作を説明します。

01 新規プロジェクトファイルを作る

はじめに、Premiere Proで新しくプロジェクトファイルを作ります。プロジェクトファイルとは、作品で使用する静止画やムービーファイル、編集作業を管理するためのファイルです。

▶▶▶ プロジェクトを作成する

STEP 01 Premiere Proを起動する

Premiere Proを起動すると、はじめにスタート画面が表示されます。このスタート画面では、新しく**プロジェクト**を作成したり、保存したプロジェクトを開いたりすることができます。

STEP 02　新規プロジェクトファイルを作る

スタート画面にある［新規プロジェクト］ボタンをクリックして［プロジェクト］ファイルを作成します。

次に新規プロジェクトウィンドウが表示されるので、プロジェクトの設定を行います。

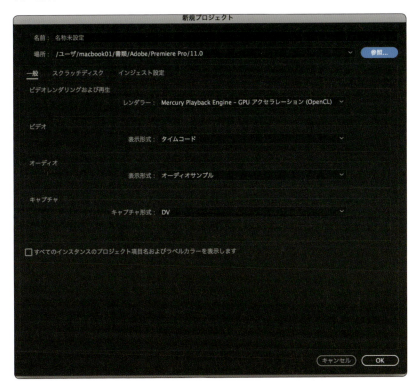

STEP 03　プロジェクトの名前を決める

新規プロジェクトウィンドウの一番上にある［名前］にプロジェクトのファイル名を入力します。ここでは、001_projectと入力しました。

STEP 04 プロジェクトの保存先を決める

プロジェクトファイルの保存先を決めます。初期設定の保存先が表示されていますので、保存先を変更します。右端の［参照］のボタンをクリックし、オープンダイアログを開きます。

保存先フォルダを選び、フォルダを選択している状態で右下の［選択］ボタンをクリックします。［選択］ボタンをクリックすると、保存場所が変更されます。

STEP 05 一般タブを設定する

保存先の下にタブが3つあります。一般タブの［レンダラー］ではPremiere Proで使用するレンダラー（再生するためのグラフィック処理）の方式を選択することができます。

MEMO

GPU高速処理とは、エフェクトを適用している場所や、ビデオトラックを複数個使って複数の映像が同時に表示されている場所を、GPUを使用してリアルタイム処理、再生する機能です。このメニューが選べる場合には、GPU高速処理を選んでおくと良いでしょう。
Adobeが対応していないグラフィックカードを使用している場合はこのメニュー自体が選択できない状態になります。（グレーに表示されてクリックできない状態）

STEP 06 スクラッチディスクタブを設定する

スクラッチディスクタブを設定します。作業中に作成される自動保存などのファイルの保存先を選択します。それぞれの項目ごとに[参照]のボタンで保存先を設定します。
プロジェクト名と保存先を選択し、[OK]ボタンを押します。

プロジェクトファイルが作成されました。

02
Premiere Proの4つのパネル

ここではPremiere Proで使う主な4つのパネルを説明します。Premiere Proの初期設定のレイアウトは、大きく分けて4つのエリアになっています。基本的にはこの4つのパネルを使用して作業します。

❶ プロジェクトパネル

読み込んだ静止画やムービーファイルは、[プロジェクト]パネルに表示されます。この[プロジェクト]パネルに読み込まれた素材を使って作品を作ります。読み込まれたファイルはクリップと呼ばれ、プロジェクトパネルでは、クリップのフレームレートや再生される長さなどの情報も表示されます。これから作成するシーケンスもここに表示されます。

❷ ソースパネル

[ソース]パネルでは、[プロジェクト]パネルに読み込んだクリップの内容を表示して確認することができます。また、クリップの内容を確認するほかに、編集に使用する範囲の設定もここで行います。

❸プログラムパネル

このパネルは、現在編集している作品が表示されます。

Premiere Proでは複数のクリップを並べて編集していきますが、その編集結果を表示するのが［プログラム］パネルです。

❹タイムラインパネル

このパネルでは、クリップをトラックに並べて、現在編集している作品のクリップの順番や、編集過程を表示します。このパネルで編集した結果が［プログラム］パネルで確認できます。［タイムライン］パネルに表示されている中身と［プログラム］パネルに表示されている作品の映像の2つは、必ず同じものが表示されます。

03
編集素材を読み込む

はじめに、プロジェクトに素材のムービーファイルを読み込む作業を行います。読み込み方は2通りあります。

▶▶▶読み込みメニューでファイルを読み込む

まず1つは［読み込み］コマンドを使う方法です。［ファイル］メニューの中の［読み込み］を選択します。

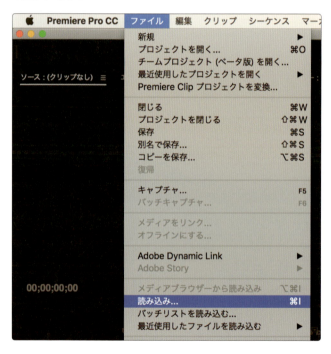

読み込みウィンドウが表示されます。ムービーファイルが保存されているフォルダを選び、その中のムービーファイルを選択して［読み込み］ボタンをクリックします。

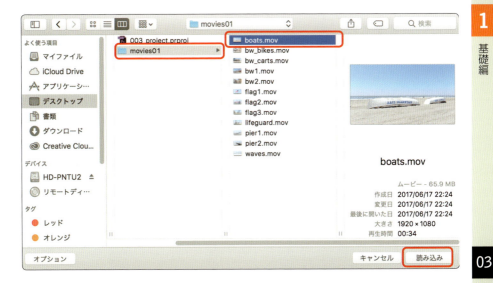

▶▶▶ メディアブラウザーを使ってファイルを読み込む

もう1つの方法は**[メディアブラウザー]**を使った読み込みです。
[プロジェクト]のタブの隣に[メディアブラウザー]というタブがあります。ここで選択したハードディスクの中からムービーファイルの内容を確認することができます。

STEP 01　メディアブラウザーでフォルダを選択する

いくつかのムービーファイルを保存したフォルダをハードディスクに用意します。このフォルダを[メディアブラウザー]で選択すると、アイコンで表示されます。まだ編集に使用するか決めていない状態でも、選択したフォルダに入っているムービーファイルを**サムネール**で確認することができます。

STEP 02　アイコン表示とリスト表示の切り替え

アイコン表示ではなくファイル名のリストで確認したい場合は、[メディアブラウザー]パネルの下に**[リスト表示]**のボタンと[サムネールビュー]のボタンで表示を切り替えます。

STEP 03 メディアブラウザーで ムービーファイルの内容を確認する

メディアブラウザーで選択したサムネール上にカーソルを合わせ、左右に動かすと中の映像を軽く動かすことができます。簡単にそれぞれのムービーファイルの内容を確認することが可能です。

通常の再生で確認したい場合は、ファイルをクリックして、キーボードの**スペースバー**を押して再生します。

STEP 04 ［メディアブラウザー］で ムービーファイルを読み込む

編集に使用するムービーファイルを選択します。右クリックして［読み込み］を選びます。

読み込んだムービーファイルは、[プロジェクト]パネルの中に表示されます。

STEP 05 ビデオカメラで撮影したムービーファイルを簡単に探す

［メディアブラウザー］の利点は、映像をムービーファイルとして保存する形式のビデオカメラを使用する場合に、数多くあるフォルダの中から即座にムービーファイルを表示してくれる点です。

最近のビデオカメラは、ビデオテープではなく中にメモリーカードが入っており、そこにファイルとして収録するものが多く、そのカードの中にいろいろなフォルダが自動的に作られますが、複雑なフォルダ構造になっていることも多くあります。

［メディアブラウザー］にはカード内のファイルが保存されているフォルダをクリックするだけでムービーファイルのフォルダが自動的に表示される、という機能が用意されています。ここでは、Premiere Proがフォルダ構造を認識し、表示させるフォルダを自動的に選んでいます。

この機能を利用すれば、カードに収録するタイプのカメラで撮影をした場合に、そのカードの中身を丸ごとハードディスクに保存をして、その一番上のフォルダを選択するだけで、自動的に必要なムービーファイルのフォルダを表示することができます。

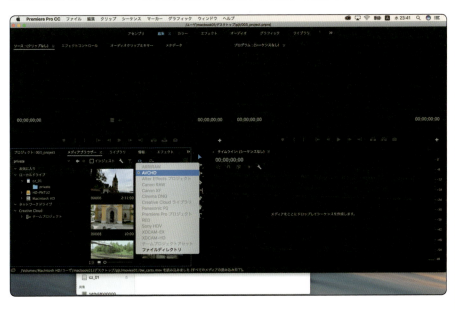

また、[メディアブラウザー]の目のアイコンを開くと、必要な**フォーマットだけを表示して**選択することもできます。

MEMO

素材を「読み込む」という機能は、「プロジェクトファイルに選択したムービーファイルが埋め込まれる」ということではなく、「ハードディスクのフォルダの中にあるムービーファイルをこのプロジェクトで使うことを可能にする」という、ファイルがどこにあるのかという情報だけがリンクされている状態を作るものです。それなので、Premiere Proでクリップを加工しても、ムービーファイル自体は加工されません。

MEMO

Premiere Proに読み込むことができる素材は以下のとおりです。
ムービー：
3GP/Apple ProRes/ASF/AVC-Intra/AVI/DNxHD/DNxHR/DV/GIF/H.264 AVC/HEVC(H.265)/M1V(MPEG-1)/M2T/M2TS(AVCHD)/M2V(Mpeg-2)/M4V(MPEG-4)/MOV/MP4/MPEG/MPE/MPG/MTS(AVCHD)/MXF/MJPEG/OMF/OpenEXR/VOB
オーディオ：
AAC/AIFF,AIF/ASND/BWF/M4A/MP3/WAV/WMV

04
プロジェクトパネルの操作

［プロジェクト］パネルに読み込まれたムービーファイルは、様々な表示方法を使って整理しやすくすることができます。ここでは［プロジェクト］パネルの操作方法を中心に紹介します。

▶▶▶ [プロジェクト] パネルでクリップの表示を切り替える

プロジェクトに読み込まれた**クリップ**の扱いについて説明します。

STEP 01　アイコン表示とリスト表示の切り替え

プロジェクトに読み込まれたムービーファイルを「**クリップ**」と呼びます。プロジェクトパネルに読み込まれたクリップは、**アイコン表示**または名前の**リスト表示**に切り替えることができます。切り替えは［プロジェクト］の左下にあるボタンで行います。

▶▶▶クリップの内容を確認する

STEP 01 プロジェクトパネルで
クリップの内容を確認する

アイコン表示ではアイコン上をカーソルでドラッグするとクリップの内容をドラッグに合わせて再生して確認することができます。またはクリップを選択をした状態でキーボードの**スペースキー**を押すとリアルタイムで再生して確認をすることができます。

選択してスペース
キーを押す

STEP 02 ソースパネルにクリップの内容を表示する

クリップの内容を正確に確認したい場合は、画面の左上にある**ソースパネル**にクリップを表示します。クリップを[ソース]パネルに表示するには、[プロジェクト]パネルでクリップをダブルクリックします。

[プロジェクト]パネルで
ダブルクリック

または、クリップのアイコンを［ソース］画面へドラッグします。

これで、クリップがソース画面に表示されます。

▶▶▶ [ソース] パネルの操作

ソースパネルで
クリップを再生する

クリップが表示された[ソース]画面の下に青いバーがあります。この青いバーをPremiere Proでは**[再生ヘッド]**と呼びます。

[再生ヘッド]が一番左にある時にはクリップの先頭のフレームが表示されており、右端にある時は、クリップの最後のフレームが表示されている状態です。左端から右端へ[再生ヘッド]が動くことで、クリップの内容が再生されます。
[ソース]パネルの操作にはいくつかの方法があります。

▶ ドラッグする方法

［再生ヘッド］を左右にドラッグして内容を確認します。

▶ クリックする方法

［再生ヘッド］のないところを直接クリックし、バーを移動させてそのフレームを確認します。

▶ リアルタイム再生する方法

［ソース］画面の中央にある**［再生／停止］ボタン**をクリックするとリアルタイムでクリップが再生されます。
［再生／停止］ボタンをクリックすると再生、もう一回クリックすると停止します。

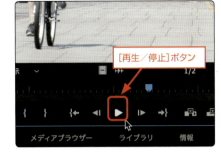

▶1フレームずつ確認する

［再生／停止］ボタンの両隣に、[1フレーム先に進む] [1フレーム前に戻る] ボタンで、細かくフレーム間を移動して確認します。

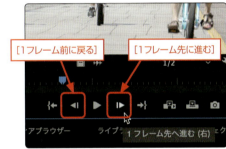

MEMO

［再生／停止］ボタンのキーボードショートカットは [スペース] キーです。[スペース] キーを使って再生／停止を行うこともできます。
[1フレーム先に進む] [1フレーム前に戻る]ボタンのキーボードショートカットはキーボードの左右の矢印キーです。

クリップの一番先頭に再生ヘッドをジャンプさせたい場合は、キーボードの[home]キーを押すと一番先頭のフレームに、キーボードの[end]キーを押すと最後のフレームにジャンプします。これらのキーボードショートカットは使用頻度が高いので、覚えてしまうと便利です。

また、早回しで中身の確認をしたい、逆再生をしたいなどの場合にはキーボードの[J]と[K]と[L]を使います。
キーボードの[L]を押すと再生、[K]を押すとストップ、[J]を押すと逆再生になります。
早回しをしたい場合は、[L]を一回押すと再生、もう一回[L]、もう一回[L]と繰り返し押す度に、再生スピードが速くなります。[J]も同様に、[J]を繰り返し押すと、逆再生のスピードが速くなります。

▶▶▶ ソース画面の解像度設定

再生時の画質設定

[再生時の解像度]メニューでプレビュー画質の設定を行うことができます。

4K解像度で撮影されたムービーなどファイルサイズが大きい場合、プレビューの画質をあえて落とすことでマシンへの負担を軽減し、スムーズな再生を可能にすることでより快適に作業ができます。

▶▶▶音の波形を表示する

STEP 01 オーディオ波形の表示

[ソース]パネルでは、クリップに含まれている音の情報も確認できます。初期設定では[ソース]パネルに映像のみが表示されていますが、インタビューのように台詞があるクリップの場合は音の波形を見ながら編集する必要があります。

▶設定ボタンで切り替える

[ソース]パネル右下の[設定]ボタンをクリックすると、ソースパネルに表示する内容を選択することができます。

初期設定では［コンポジットビデオ］が選ばれていますが、［オーディオ波形］を選ぶと、クリップの波形の表示に切り替わります。

▶ ［ビデオのみドラッグ］［オーディオのみドラッグ］ボタンで切り替える

ソース画面の下に［ビデオのみドラッグ］［オーディオのみドラッグ］というボタンがあります。

このボタンは本来クリップをタイムラインへ追加する場合に使用するボタンですが、ビデオの表示とオーディオの波形の表示を切り替えに使用することもできます。

▶▶▶ [ソース] パネルでマークする

撮影したムービーファイルから、実際に編集に使用する範囲を決める作業を行います。この作業を**マーク**と呼びます。
クリップの中から実際に作品で使用する範囲にマークを作成して、そのマークの中だけを使うという設定を行います。ここで使うマークは、**イン**というマークと**アウト**というマークです。

STEP 01　再生ヘッドを移動する

[ソース]パネルの再生ヘッドを編集に使用したい範囲の先頭フレームに移動しておきます。

再生ヘッドを先頭フレームに移動

STEP 02　インマークを設定する

ソースパネルの下にある**[インをマーク]ボタン**をクリックします。再生ヘッドが配置されているフレームにインのマークが設定されます。

STEP 03 再生ヘッドを移動する

再生ヘッドを編集に使用したい範囲の最後のフレームで止めます。

STEP 04 アウトマークを設定する

今度はアウトをマークします。**[アウトをマーク]ボタン**をクリックします。

このインのマークとアウトのマークの間だけ、時間表示部分の明るさが変わります。この範囲が実際に作品に使われます。

STEP 05 インとアウトの位置を設定し直す

インとアウトは再生ヘッドを移動してそれぞれのボタンを再び押すことで、何回でも変更できます。ここでは、アウトの位置を左にずらして、使用するクリップを短くしました。

STEP 06 インとアウトのマークを移動する

イン、アウトのマークそのものをドラッグして使用する範囲を変更することができます。

STEP 07 使用する範囲の長さを確認する

このインとアウトの間の長さは、ソースの画面の右下の**[イン/アウトデュレーション]**という欄に表示されています。

イン、アウトのフレームを変えると、[イン/アウトデュレーション]も自動的に表示が変わります。

MEMO

イン、アウトに関してのキーボードショートカットは、メニューバーのマーカーメニューの中にひととおり表記されています。頻繁に使う機能なので、なるべくキーボードショートカットを覚えて作業するとよいでしょう。

STEP 08 インからアウトの範囲のみを再生する

ソースパネルで再生して確認する場合に、再生ボタンや、キーボードショートカットで操作すると、インアウト関係なくすべて再生されてしまいます。そこでインからアウトだけを再生するボタンが必要です。最初の設定では表示されていないのでボタンを追加します（P41参照）。

▶再生する

[ビデオをインからアウトへ再生]をクリックすると、クリップの中の、自分で設定したインからアウトまでのみを再生して止まります。

インからアウトだけを
再生するボタンを追
加した

▶▶▶サブクリップの作成

STEP 01 1つのクリップから複数の使用する範囲を設定する

1つのクリップに使いたい部分が複数ある場合は、**サブクリップ**（クリップの一部という意味）という機能を使用してファイルを管理します。たとえば、長時間撮影されたクリップの中

に使いたい場所が離れて数十秒ずつ複数個所ある場合などに便利な機能です。
1つのクリップに設定できるインとアウトは1か所ずつなので、次のインとアウトを設定してしまうと1か所目のインとアウトは消えてしまいます。1つのクリップには複数のイン、アウトを設定できません。また、クリップが非常に長い場合にインとアウトの設定範囲が短いと表示が小さくなり、編集しづらくなります。このような場合にサブクリップ機能を使うと、設定したインからアウトの範囲だけを別のクリップとしてプロジェクトに保存することが可能になります。サブクリップを使用すると、必要箇所以外は表示されず、別のファイルになるのでそれぞれ適切な名前を付けて管理することができるようになります。

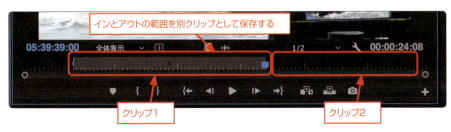

STEP 02 インとアウトを設定する

サブクリップにしたい範囲のインとアウトを設定します。

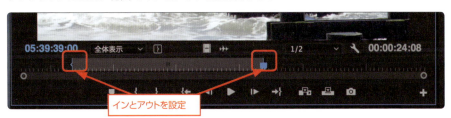

STEP 03 ［サブクリップを作成］メニューを選択する

［クリップ］メニューの中の［サブクリップを作成］コマンドを選ぶと、そのサブクリップの名前を入力するウィンドウが表示されます。

サブクリップの名前を設定して作成する

サブクリップの名前を入力してOKを押すと、プロジェクトの中にもう1つファイルが追加されます。デフォルトではファイルの名前は「もともとのクリップの名前+.sub」になります。

「もともとのクリップの名前+.sub」となる

プロジェクトの表示をリストに切り替えると、通常のクリップとは違う、インからアウトの間のみのアイコンになっていることが確認できます。

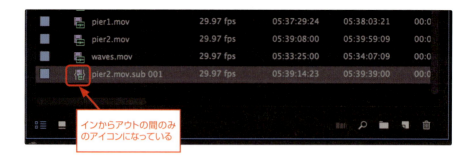

インからアウトの間のみ
のアイコンになっている

STEP 05 サブクリップを再生する

サブクリップをソースの画面に出して再生すると、設定したイン、アウトの範囲しか持っていない非常に短いファイルであることが確認できます。

MEMO

サブクリップとは、サブクリップのためのムービーファイルが別途ハードディスクに作成されるのではなく、ムービーファイルの中から必要箇所のデータだけをプロジェクトで使用する機能です。
サブクリップはあくまでも使用箇所のデータだけなので、複数作成してもハードディスクの使用容量は増えることはありません。

▶▶▶ボタンエディターで操作をしやすく変更する

[ボタンエディター]ボタンをクリックするとソース画面に追加することができるボタンが表示されます。

[ボタンエディター]ボタン

STEP 01 [ビデオをインからアウトへ再生]ボタンを追加する

[ビデオをインからアウトへ再生]ボタンをソース画面のボタンエリアへドラッグすると、ボタンが追加されます。設定が終了したらOKを押します。

ボタンエリアへドラッグ

ドラッグした場所にボタンが追加されました。

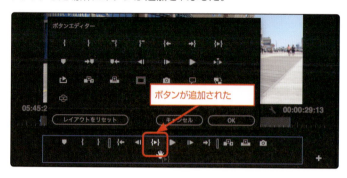

STEP 02 必要のないボタンを削除する

使用しないボタンは、ボタンエリアの外へドラッグするとボタンエディターの中に戻ります。ボタンエディターを使うと直感的にボタンの追加、削除を行うことができます。

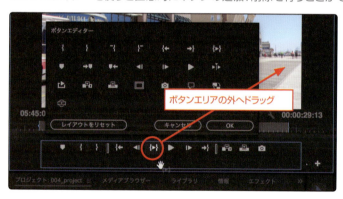

05 編集とトリミング

ムービーファイルを読み込んだら、タイムラインに並べて映像を作成していきます。この作業を「編集」といいます。ここでは編集に必要な基本的な方法、あわせてトリミングについて解説します。

▶▶▶シーケンスを作る

プロジェクトに読み込んだ**クリップ**を繋げて1つの作品として編集していきます。Premiere Proではクリップを編集するためのファイルを**シーケンス**と呼びます。このシーケンスに、ソースパネルでイン点、アウト点を設定したクリップなどを追加して編集作業を行います。

STEP 01 新規シーケンスを作成する

シーケンスファイルを新規作成します。
ファイルメニューの[新規]から[シーケンス]を選択すると、[新規シーケンス]ウィンドウが表示されます。

STEP 02 シーケンスのプリセットを選択する

[新規シーケンス]ウィンドウの左にある[シーケンスプリセット]タブの中にさまざまなフォーマット用のシーケンス設定が用意されています。自分がこれから編集するクリップに合ったプリセットを選択してOKボタンをクリックすると、新規シーケンスが作成されます。

さまざまなフォーマット用の
シーケンス設定が用意され
ている

| STEP 03 | シーケンスの設定 |

プリセットを使用せず、オリジナルの設定を使用する場合は［設定］タブ、または［トラック］タブを使用して設定します。［設定］タブの［編集モード］を「カスタム」に設定すると、1秒間に何フレーム表示されるかというフレームレートを始め、映像の縦横のサイズを決めるフレームサイズやピクセル縦横比などを自由に設定することができます。［トラック］タブでは、編集を始めるシーケンスのトラック数を自由に設定することができます。

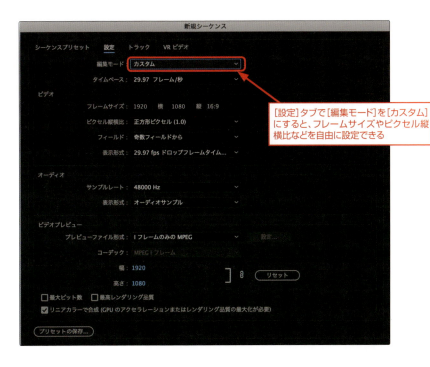

[設定]タブで[編集モード]を[カスタム]にすると、フレームサイズやピクセル縦横比などを自由に設定できる

[トラック]タブでは、トラック数を自由に設定できる

作成したオリジナルの設定は、「プリセットの保存」ボタンをクリックすることで、新たなプリセットとして保存することもできます。

STEP 04 プロジェクトパネルでシーケンスを確認する

シーケンスを作成するとプロジェクトパネルの中に「シーケンス01」というファイルが追加されていることが確認できます。

「シーケンス01」というファイルが追加された

STEP 05 タイムラインパネルでシーケンスを確認する

シーケンスが作成されると、自動的に［タイムライン］パネルにもシーケンスが表示されます。

STEP 06 クリップを基準にしてシーケンスを作成する

1つのクリップを基準にして自動的にシーケンスを作る簡単な方法もあります。クリップとして使用するムービーファイルのフォーマットは、Premiere Proが自動的に認識しているので、選択したクリップに適切な設定のシーケンスを作成し、1カット目として編集されます。

▶シーケンスの基準となるクリップを選択してシーケンスを作成する

編集の1つ目のカットとして使用したいクリップを用意し、［プロジェクト］パネルで右クリックして、**［クリップに最適な新規シーケンス］**コマンドを選択します。

▶ クリップを1カット目とした新規シーケンスが作成される

選択していたクリップの中に設定されているイン点からアウト点までが、新しく作成されたシーケンスの1カット目として配置され、編集するための設定がすべて自動で行われます。

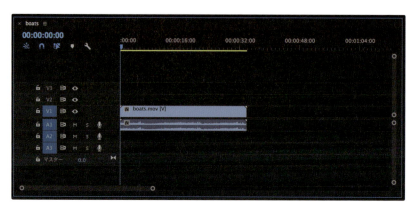

▶ ［クリップに最適な新規シーケンス］をプロジェクトパネルで確認する

［クリップに最適な新規シーケンス］をプロジェクト画面で確認すると、もとのクリップと同じ名前になっていることがわかります。シーケンス名は変更可能です。自動化された、手軽でミスのないシーケンスの作り方です。

▶▶▶クリップをタイムラインに追加する

作成したシーケンスにクリップを追加して編集を行います。シーケンスの中にはビデオのための**V1**から**V3**、オーディオのための**A1**から**A3**というラインがあります。このラインを**トラック**と呼びます。それぞれののトラックに映像や音のクリップを配置して編集していきます。

STEP 01 最初のクリップをドラッグしてシーケンスに追加する

それでは、シーケンスにクリップを追加していきます。まずは、ソースパネルでクリップにイン点、アウト点を設定し、タイムラインにドラッグします。

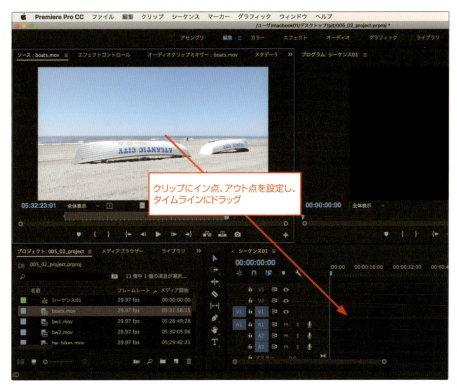

1つ目のクリップをソースの画面からタイムラインのV1トラックにドラッグすると、**一番左端にマウスがスナップして止まる位置**があるので、ここでマウスボタンを離します。1つ目のクリップが配置されました。

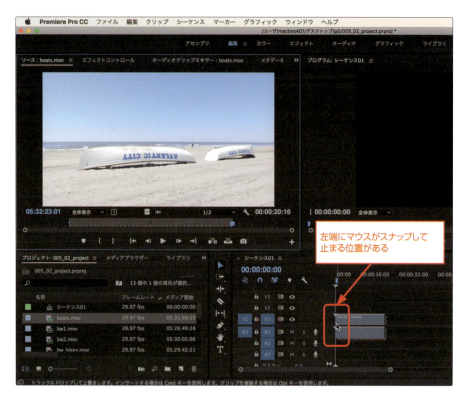

左端にマウスがスナップして止まる位置がある

1つ目のクリップが配置された

STEP 02 再生して確認する

［プログラム］パネルで再生すると、クリップのイン点からアウト点までがシーケンスに追加されていることが確認できます。

MEMO

タイムラインの中での再生ヘッドは、下の方で動かしても反応しないため、バーの上でドラッグするか、上の時間が表示されている部分をドラッグして操作します。

STEP 03 2カット目のクリップを ドラッグしてシーケンスに追加する

2カット目を追加します。1つ目のクリップと同じように、ソースパネルでイン点とアウト点を設定した2つ目のクリップをタイムラインにドラッグし、**1つ目のクリップの後ろにスナップする位置**でマウスボタンを離します。

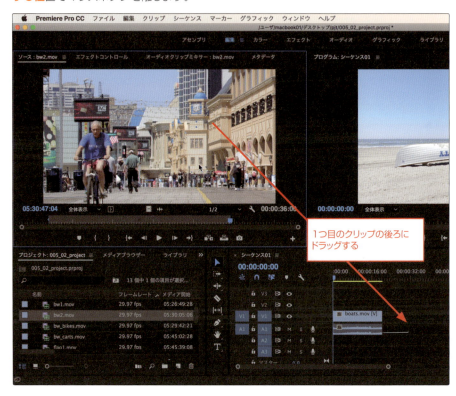

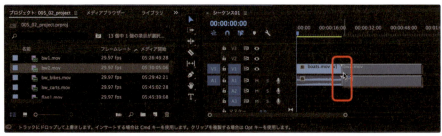

STEP 04 再生して確認する

2つ目のクリップが追加されました。再生すると、1つ目のクリップの次に2つ目のクリップが編集されていることが確認できます。

| STEP 05 | 残りのクリップを追加する |

この作業を繰り返して編集を進めます。

MEMO

このタイムラインでの再生ヘッドのショートカットキーでの動かし方は、27ページのMEMOで紹介した[home]キーと[end]キー、キーボードのスペースキーとJ、K、Lと同様です。キーボードの左右の矢印で1フレームずつ動かすことができます。また、キーボードの上下の矢印キーで、各クリップの先頭のフレームに再生ヘッドをジャンプさせることもできます。

▶▶▶ 上書きでクリップを配置する

3つ目のクリップは1つ目と2つ目のクリップの間に追加してみます。現在クリップが配置されている場所の上に新しいクリップをドラッグすると、もともとあったクリップが消えて、新しいクリップで上書きされます。これを**[上書き]編集**といいます。

| STEP 01 | クリップをクリップの上にドラッグする |

新しいクリップを、[ソース]パネルから編集中のクリップの上に直接ドラッグします。編集中のクリップは消えて、新しいクリップで上書きされました。

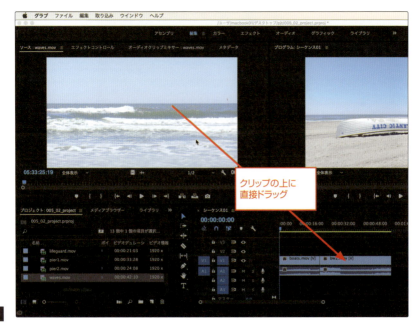

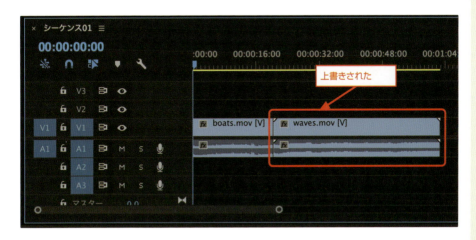

▶▶▶ 割り込みでクリップを配置する

もともとあったクリップを消す上書き編集ではなく、クリップとクリップの間に割り込ませる場合は、キーボードの【⌘】(WindowsはCtrl) キーを押しながらドラッグする [割り込み] 編集を行います。

STEP 01　[⌘] キーを押しながらドラッグする

クリップをドラッグしながら[⌘](WindowsはCtrl)キーを押している間だけ、マウスカーソルがギザギザのマークに変化します。この状態でマウスボタンを離すと、1つ目のクリップと2つ目のクリップの間にドラッグしたクリップが割り込まれます。2つ目のクリップは、ドラッグ&ドロップしたクリップの後ろに移動しています。

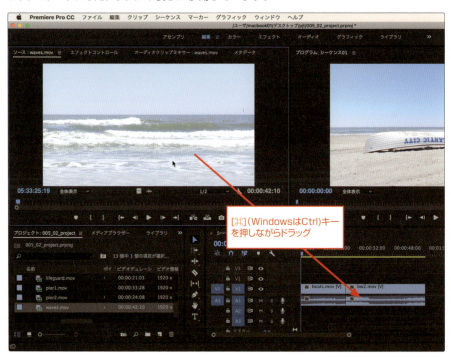

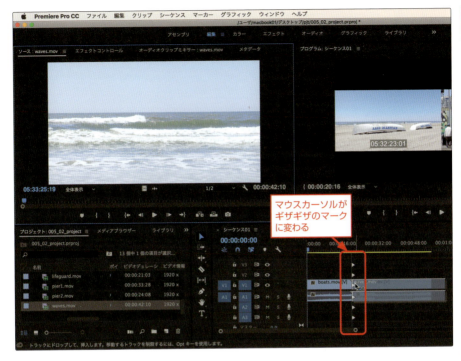

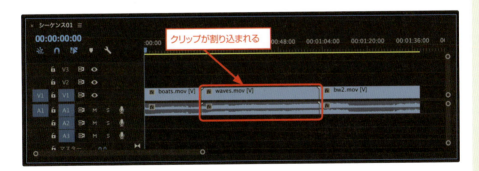

▶▶▶コマンドボタンを使用してクリップを追加する

［ソース］パネルの下にある、コマンドボタンを使用した編集を行います。**コマンドボタン** には、**［上書き］ボタン**と**［インサート］ボタン**があります（インサートは割り込みのコマンドです）。

コマンドボタンを使用する場合は、追加する位置を再生ヘッドであらかじめ指定しておく必要があります。

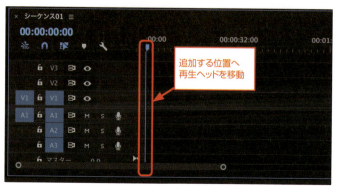

STEP 01 コマンドボタンで1つ目のクリップを上書きする

タイムラインに何もない状態で再生ヘッドをシーケンスの左端へ配置しておきます。上書きのボタンをクリックすると1つ目のクリップがシーケンスに追加されます。

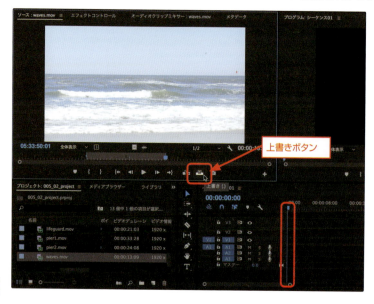

なお、上書きボタンでは、プロジェクトパネルで選択しているファイルではなく、**ソースパネルで表示しているファイル**がタイムラインパネルに追加されることに注意してください。

STEP 02 コマンドボタンで2つ目のクリップを上書きする

2つ目のクリップを追加します。2つ目のクリップが配置される場所はタイムラインにある**再生ヘッドの位置**となります。クリップを1つ目のアウト点に繋いで追加したい場合は、再生ヘッドを1つ目のクリップの終了位置に移動しておく必要があります。

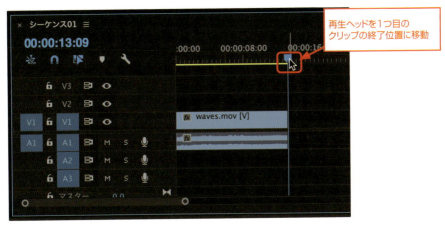

再生ヘッドが配置できたら［上書き］ボタンを押します。これで1つ目のクリップの次に2つ目のクリップが追加された状態になりました。

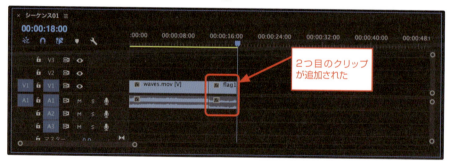

STEP 03 コマンドボタンで割り込みを行う

クリップを割り込ませる場合は、2つ目のクリップの先頭のフレームに再生ヘッドを移動して**[インサート]ボタン**をクリックします。

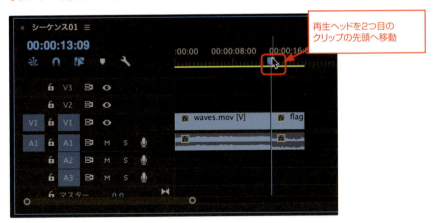

再生ヘッドを2つ目のクリップの先頭へ移動

[インサート]ボタン

クリップが2つ目のクリップとして割り込まれました。ボタンを使用してクリップを編集する場合は、タイムラインの再生ヘッドの位置を確認しながら行います。

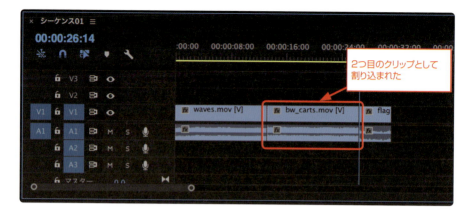

MEMO

直前の編集を取り消したい場合は、[編集] メニューの [取り消し] を選びます。

▶▶▶タイムラインの拡大縮小表示

STEP 01 タイムラインの横方向への拡大縮小表示

タイムラインの横方向の拡大縮小を行います。タイムラインパネルの下にある**スライドバー**を使用します。このアイコンを左右にドラッグすると、タイムラインの横方向の表示が拡大縮小します。

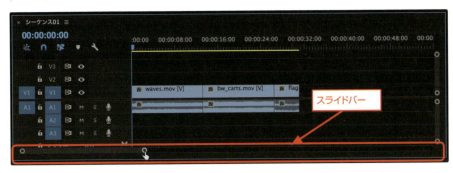

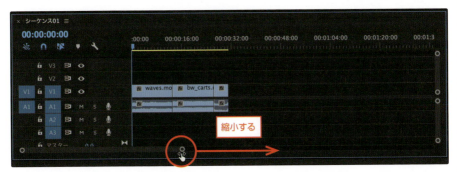

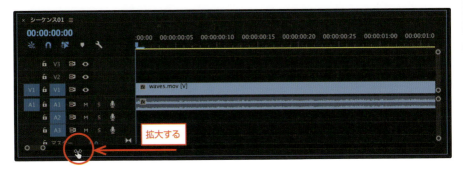

MEMO

タイムラインの横方向拡大縮小のキーボードショートカットは、平仮名の［ほ］と［へ］のキー、になっています。［へ］は拡大［ほ］が縮小です。
現在編集しているシーケンス全体を、タイムラインの横幅全体に表示する場合は、［へ］のキーの右隣の［¥］マークを押すと、横方向に合う縮尺に自動的に設定されます。［ほ］と［へ］と［¥］はキーボードの右上に3つ並んでいるので、合わせて覚えておくと便利です。

タイムラインの縦方向への拡大縮小表示

タイムラインの縦方向への拡大縮小方法です。

▶ トラック全体の高さを変える

ビデオのトラックの高さを変えたい場合は、［⌘］(WindowsはCtrl) キーを押しながら、［へ］キーを押すと縦方向に拡大、［⌘］キーを押しながら［ほ］キーを押すと縦方向に縮小します。

オーディオトラックの高さを変える場合は、［option］キーを押しながら［へ］キーを押すと縦方向に拡大、［option］(WindowsはAlt) キーを押しながら［ほ］キーを押すと縦方向に縮小します。

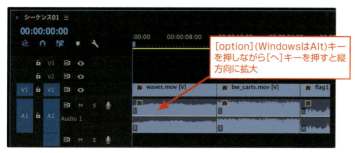

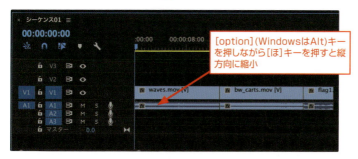

MEMO

シーケンスの右端の◎をドラッグしても縦方向の拡大縮小表示が行えます。

▶個別のトラックの高さを変える

個別に拡大縮小させたい場合は、各トラックの切れ目の部分をドラッグすると、特定のトラックだけ拡大縮小させることができます。

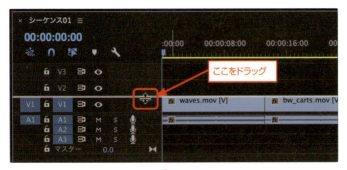

▶▶▶シーケンスに必要ない部分を削除する

シーケンスに必要ない部分を削除する方法を説明します。クリップ単位で削除する方法と、クリップの中を部分的に削除する方法があります。また、ビデオとオーディオを個別に選択して編集することもできます。

STEP 01 クリップ単位で削除する（クリップ間の隙間を残す）

編集されているシーケンスをクリップの単位で削除する方法です。編集されたクリップを**クリック**すると、色が付いて**選択**されます。

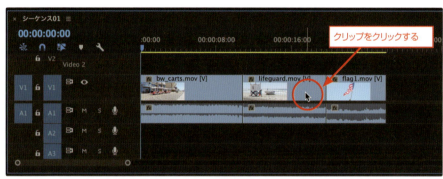

クリップを選んだ状態で、キーボードの**[delete]キー**を押すとその部分が消えて、隙間が表示されます。シーケンスの中に、クリップが配置されていた時間分の隙間が残る方法です。

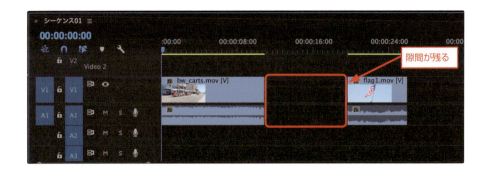

STEP 02　クリップ単位で削除する（クリップ間の隙間を詰める）

隙間を残す方法ではなくて、詰めて消したい場合は、キーボードの[shift]キーを押しながら[delete]キーを押します。隙間が詰まって消えます。
クリップの削除にはこの2種類の方法があります。
テンキー付きキーボードでは、[delete]キーではなく、[end]キーの左隣りの[delete]キーを押します。また、テンキーのないキーボードでは[shift]キーだはなく、[option]キー＋[delete]キーになります。

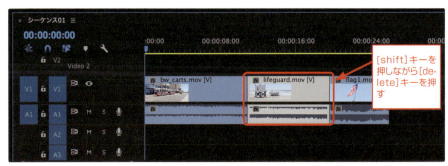

STEP 03　1つのクリップの中を部分的に削除する

1つのクリップの中の不要な範囲だけを削除します。現在再生ヘッドがある位置から前の部分だけ、または後ろの部分だけ消したい場合です。

▶再生ヘッドの前の部分を削除する

クリップの中の、再生ヘッドの位置より前の部分だけ消す場合です。目的の場所へ移動してキーボードの[Q]を押すと、その部分が詰まって消えます。

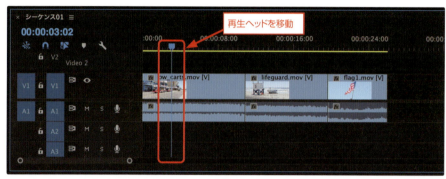

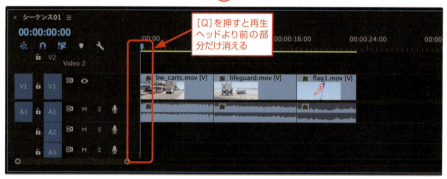

▶再生ヘッドの後ろの部分を削除する

同じように、再生ヘッドの位置より後ろを消したい、という場合は、再生ヘッドを目的の場所に止めて、キーボードの[W]のキーを押すと、その部分が詰まって消えます。

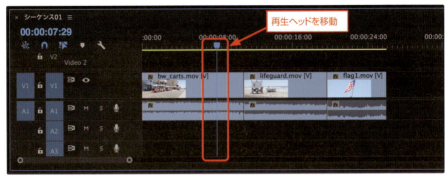

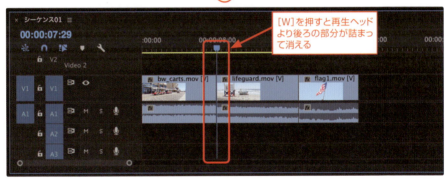

STEP 04 複数のクリップにまたがって部分的に削除する

複数のクリップにまたがって部分的に消す方法です。たとえば1カット目から2カット目までの一部分を消したい場合です。そのような場合は[プログラム]パネルを使用します。

▶プログラムパネルでインとアウトをマークする

プログラムのパネルの方の[インをマーク][アウトをマーク]のボタンで、使わない部分を選びます。ソース画面でインとアウトを打った時と同じように、再生ヘッドを止めて[インをマーク][アウトをマーク]の設定をします。

▶[delete]キーで削除する

インとアウトを設定した状態で[delete]キーを押すとその部分が穴になって消えます。

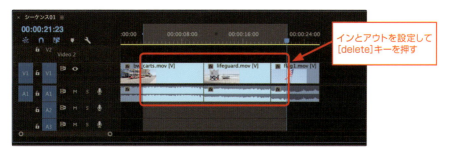

▶インとアウト間の隙間を詰めて削除する

また、[shift]キーを押しながら[delete]キーを押すと、インからアウトが詰まって消えます。
テンキー付きキーボードでは、[delete]キーではなく、[end]キーの右隣りの[delete]キーを押します。また、テンキーのないキーボードでは[shift]キーではなく、[option]キー+[delete]キーになります。

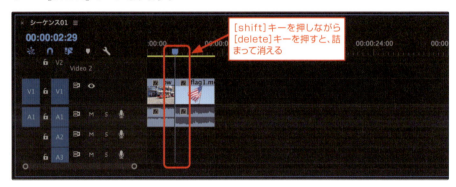

▶▶▶映像と音を別々に選ぶ

クリップを選択ツールで選択すると、初期設定ではビデオのクリップとオーディオのクリップが両方選ばれます。ビデオだけ、オーディオだけ選択したいという場合は、ビデオとオーディオのリンクを切る必要があります。

▶[リンクされた選択]をオフにする

タイムライン画面の左上に、**[リンクされた選択]**というボタンがあります。
このボタンに色が付いている状態がオンなので、クリックして色を消してオフにします。

▶個別に選択する

この状態でクリップを選択すると、ビデオクリップとオーディオクリップを個別に選ぶことが可能になります。

▶▶▶クリップの順番を入れ替え

タイムラインのシーケンスに追加したクリップの順番を入れ替えることもできます。移動したいクリップをただドラッグして移動してしまうと、クリップがあった場所に隙間ができてしまいます。また移動した先も上書きされるので、移動先のクリップは消えてしまいます。隙間を開けずにクリップも消さないようにするには、移動した先にクリップを割り込ませる方法を使います。

STEP 01 ［⌘］キーを押しながらドラッグする

キーボードの［⌘］（WindowsではCtrl）キーを押したままの状態で入れ替えたいクリップを移動先にドラッグします。クリップに割り込みのマークが表示されます。

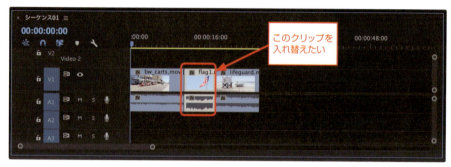

目的の位置までドラッグしてマウスボタンを離すと、クリップがもともと配置されていた場所は詰まって消え、移動した先に割り込まれます。

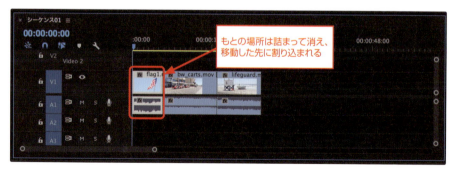

▶▶▶クリップをトリミングする

必要のない部分を**トリミング**します。シーケンスに追加されたクリップの長さやイン点アウト点の微調整をする作業を総称してトリミング、またはトリムと呼びます。

シーケンスに配置されているクリップの多くは、ソース画面でイン点、アウト点が設定されています。これらのクリップには、イン点の前、アウト点の後ろがカットされているため使われていない部分があります。それらの使用していない部分を、シーケンスに配置したあとに伸ばして再利用することも可能です。このトリミングの調整をするためのツールが、タイムラインの左側にあるツールバーに並んでいます。

STEP 01 選択ツールでトリミングする

通常はツールバー1番上の、**[選択ツール]** が選ばれています。

▶選択ツールでクリップの端を選択する

［選択ツール］でタイムラインのクリップの端を選択すると、赤く表示されます。

▶ 選択ツールでクリップの端をドラッグする

クリップのアウト点を右方向にドラッグして縮めるとクリップが短くなります。

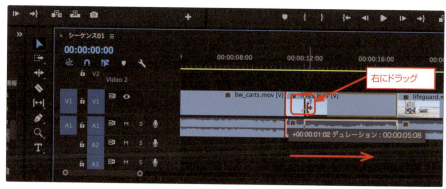

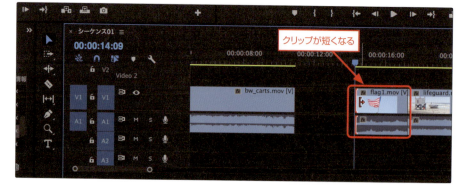

また、左側にドラッグするとオリジナルのクリップの長さの範囲でクリップが長くなります。

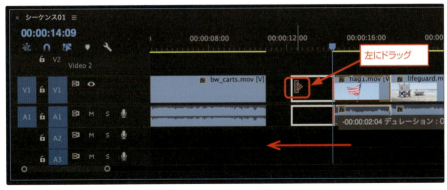

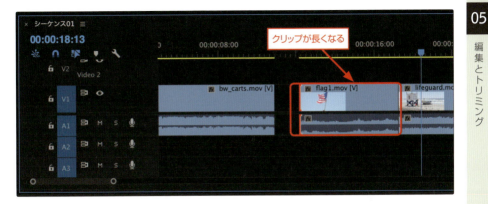

ただし、選択ツールでトリミングすると、縮めたことによりクリップ間に隙間ができます。また、外側に伸ばそうとしても隣に他のクリップがあると、それをどかして伸ばす、ということができません。これらを解決するためには、次のリップルツールを使用します。

▶▶▶リップルツールでトリミングする

トリミングによってクリップの間に隙間ができる場合や、他のクリップが邪魔をしてクリップを伸ばせないような状況では**[リップルツール]を使用してトリミングします**。[リップルツール]は端をドラッグして伸ばしたり縮めたりすると、関連する**他のクリップの位置が自動的に移動**するツールです。

リップルツールでクリップの端を選択する

[リップルツール]を選択して、タイムラインのクリップの端を選択すると、クリップの境界が今度は黄色くなります。

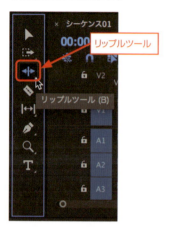

 ## リップルツールでクリップを伸ばす

[リップルツール]でクリップの右端を選択した状態で右にドラッグして伸ばすと、伸びた分、後続のクリップの位置が自動的に後ろに移動します。

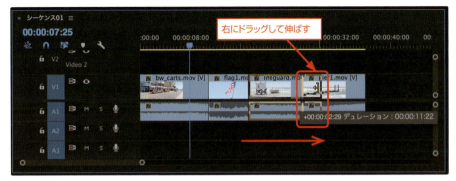

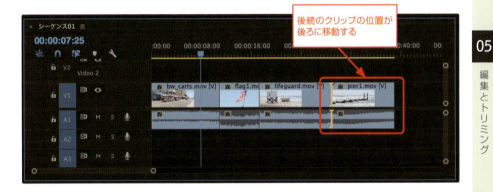

STEP 03 リップルツールで縮める

[リップルツール]でクリップの右端を左にドラッグして縮めると、その分、後続のクリップが前へ移動します。

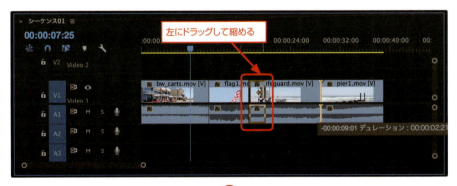

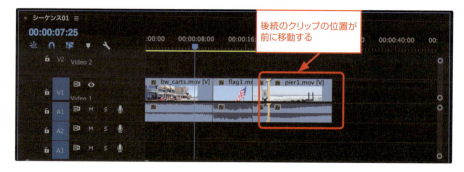

クリップの先頭でも同じように、クリップのもう少し前から使いたい場合に左にドラッグして伸ばすと、その分クリップが伸び、後続のクリップは後ろに移動します。また、始まりをもう少し遅くしたい場合に右に縮めると、その分クリップは縮んで、後続のクリップは前に移動します。

STEP 04 プログラム画面で確認する

[リップルツール]でドラッグしている最中は[プログラム]パネルでも、マウスボタンを離すとどのフレームで画が最後になるか、または最初になるかを確認することができます。

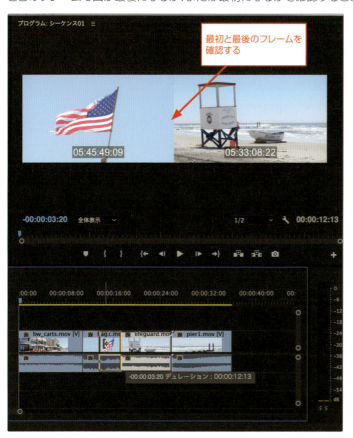

▶▶▶ローリングツールでトリミングする

ツールバーの［リップルツール］を長押しすると、1つ下に**［ローリングツール］**が表示されます。［ローリングツール］を使用すると、前のクリップのアウト点と次のクリップのイン点の位置だけを移動させることができるので、**2つのクリップの合計の長さを変えず**に、切り替わるタイミングだけを変えるトリミングが行えます。作品の全体の長さを変えずに、クリップを切り替えるタイミングを変更したい場合に便利なツールです。

STEP 01 ローリングツールでクリップ間のカットの切れ目を選択する

［ローリングツール］でクリップとクリップの間にあるカットの切れ目をクリックすると、前のクリップのアウト点と、次のクリップのイン点、両方が選ばれて赤くなります。

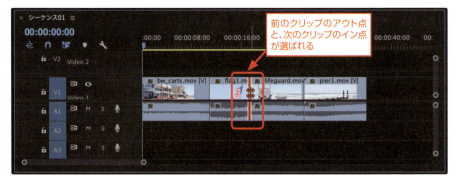

STEP 02 前のクリップを縮める

選択した状態で左にドラッグすると、前のクリップが縮んだ分、次のクリップが伸びます。

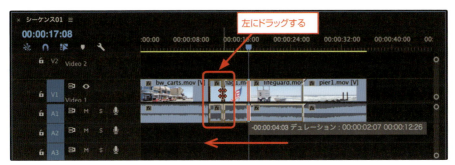

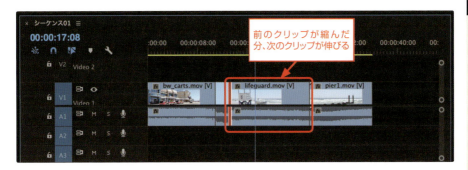

STEP 03 前のクリップを伸ばす

右にドラックすると、前のクリップが伸びた分、次のクリップが縮みます。

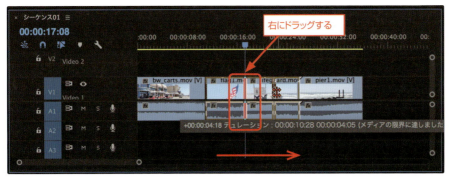

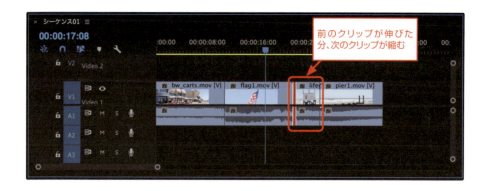

▶▶▶ プログラムパネルでトリミングする

タイムラインに配置されたクリップのイン点アウト点をドラッグする方法では、1フレーム単位でのトリミングが非常に難しいと思います。**1フレームの単位で細かくトリミング**したい場合は、プログラムパネルをトリミング用の画面に切り替えて設定します。

STEP 01 トリミングする場所をダブルクリックする

トリミングを行うクリップの切れ目をリップルツール、またはローリングツールでダブルクリックします。

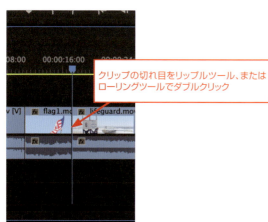

STEP 02 プログラムパネルがトリミング画面に切り替わる

プログラムの画面が、一時的にトリミング用の画面に切り替わります。左側が前のクリップのアウト点のフレーム、右側が次のクリップのイン点のフレームになっています。

STEP 03 プログラムパネルでリップルツールと同じトリミングを行う

それぞれの画面をワンクリックすると、クリックした方に青い枠が付きます。
タイムラインを見ると、青い枠が付いているクリップが黄色く表示され、[リップルツール]でそこを選んでいるのと同じ状態になっています。

STEP 04　フレーム単位でトリミングする

目的のクリップの方を[プログラム]画面で選択して、画面の下にある[＋1][＋5][－1][－5]ボタンで、1フレームずつ伸ばしたり縮めたりすることが可能です。

ここのボタンで、1フレームずつ伸ばしたり縮めたりする

STEP 05　プログラムパネルでローリングツールと同じトリミングを行う

両方の画面の真ん中のところでクリックすると、両方に青い枠が付いて[ローリングツール]と同じ状態になります。これで、1フレームずつ、前が伸びた分後ろが縮む、もしくは前が縮んだ分後ろが伸びるという編集ができます。

STEP 06 トリミング画面を終了する

［プログラム］パネルの画面をトリミングの画面からもとに戻す場合は、［タイムライン］パネルで、再生ヘッドのバーを動かすと、通常の［プログラム］パネルの画面に戻ります。
また調整画面に戻りたい場合は、目的の切れ目をダブルクリックすることでトリミングの画面になります。

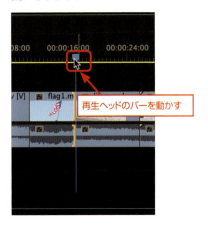

06 音量の調整

ここでは、タイムラインパネルでのオーディオトラックの音量の調整について説明します。オーディオトラックを拡大表示すると表示されるラバーバンドを上下にドラッグして行います。

STEP 01 オーディオトラックを拡大表示する

はじめに、タイムラインパネルの**オーディオトラック**を拡大しておきます。タイムラインのパネルで、**[option]キーを押しながら[ヘ]キー**を繰り返し押すと、オーディオトラックの高さが拡大されて表示されます。

オーディオトラックを拡大表示すると、トラックに白い線が表示されます。この線を**ラバーバンド**と呼びます。このラバーバンドを使用して音量の調整を行います。

[option]キーを押しながら[ヘ]キーを繰り返し押す

ラバーバンド

STEP 02 選択ツールを選ぶ

ツールバーで[選択ツール]を選んでおきます。

[選択ツール]

STEP 03 ラバーバンドをドラッグして調整する

クリップ全体の音量を調整します。[選択ツール]でラバーバンドを上にドラッグすると音量が大きく、下にドラッグすると音量が小さくなります。

上にドラッグすると音量が大きく

下にドラッグすると音量が小さくなる

▶▶▶クリップ中で音量を変化させる

STEP 01 ラバーバンド上にポイントを作成する

クリップの中で、複数の点で音量を変える場合は、変更したいフレームで[⌘](Windowsでは Ctrl)キーを押しながら線の上でクリックします。ラバーバンド上にポイント(キーフレーム)が作成されます。

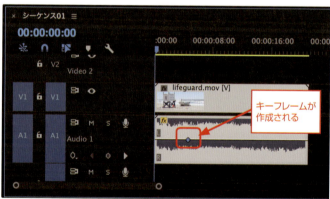

STEP 02　3つのポイントを作成する

他の2点のフレームでも［⌘］キーを押しながらクリックし、クリップの中に3つのポイントを作ります。

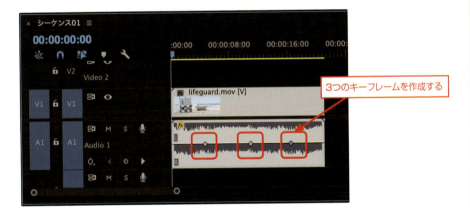

STEP 03　ポイントを上にドラッグする

真ん中のポイントを上にドラッグすると、音量が徐々に上がって、徐々に下がる設定に線が変更されます。

STEP 04 ポイントを下にドラッグする

ポイントを下にドラッグすると、音量が一度下がり再び上がる設定になります。

STEP 05 ポイントを削除する

このポイントを削除する場合は、ポイントの上で右クリックしてメニューを表示し［削除］コマンドを選択します。

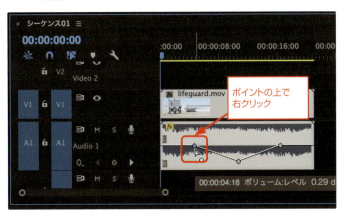

▶▶▶BGMを挿入する

映像に音楽などを被せたい場合には、用意したサウンドファイルをオーディオトラックに配置することで、複数のサウンドをミックスすることができます。

 サウンドクリップを用意する

[プロジェクト]パネルにBGMとして使用したいサウンドファイルをクリップとして読み込み、[ソース]パネルにサウンドクリップを表示します。

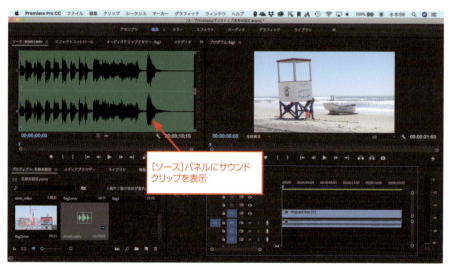

［タイムライン］パネルで、ソースのパッチをA2トラックに指定し、現在の再生ヘッドをBGMを開始したいフレームに移動します。

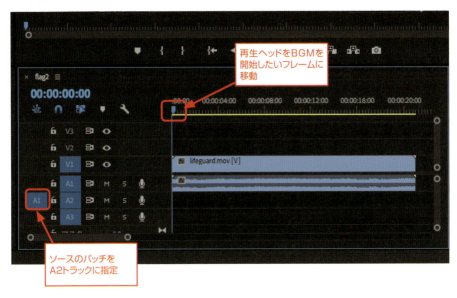

［ソース］パネルで［上書き］ボタンをクリックします。

A2トラックにサウンドクリップが配置されました。

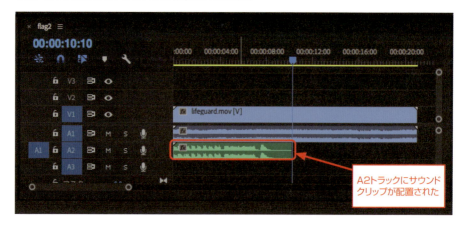

A2トラックにサウンド
クリップが配置された

A2トラックに配置したサウンドクリップのラバーバンドを操作して、BGMの音量を調整します。映像に付いているサウンドを聞かせたい場合は、BGMの音量を下げ、BGMを聞かせたい場合は、A1トラックにある映像に付いているサウンドの音量を下げます。

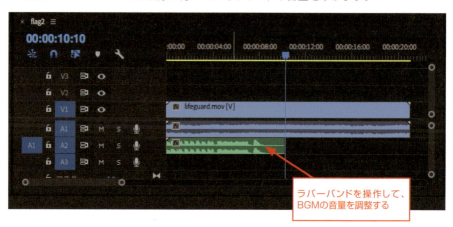

ラバーバンドを操作して、
BGMの音量を調整する

07 クリップの速度

タイムライン上のクリップの速度を調整します。スロー再生や早送り再生のほかに、1つのフレームを静止画として固定させることもできます。

▶▶▶再生速度を変更する

映像の再生スピードを変化させることで、映像の内容を見ている人により印象付けすることができます。クリップの再生スピードは[速度・デュレーション]の設定を変更することで調整することができます。ただし、再生スピードを遅くする場合（スローモーション）は、オリジナルの映像の同フレームを複数回再生することでクリップの長さを長くするため、極端に遅くすると映像が不連続な動きになってしまうので注意します。

STEP 01 [速度・デュレーション]を表示する

クリックの再生スピードを変化させるには、変化させたいクリップを右クリックしてメニューを表示させ、[速度・デュレーション]を選びます。

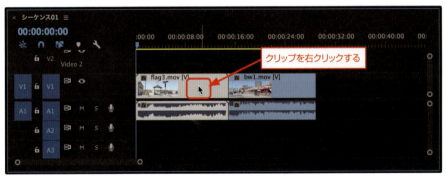

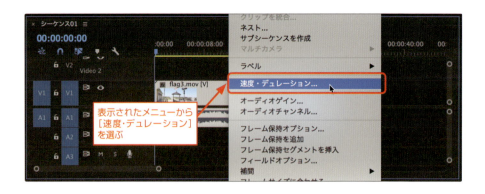

STEP 02 速度をパーセンテージで変更する

［クリップ速度・デュレーション］ウィンドウが表示されます。ウィンドウの［速度］で、クリップを何％の速度で再生するかを設定します。速度の％を100％よりも大きくすると速く再生され、100％よりも小さくなると再生スピードは遅くなります。

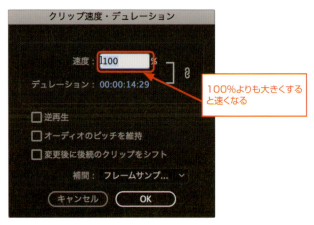

STEP 03 後続のクリップの設定

［変更後に後続のクリップをシフト］オプションのチェックをオンにすると、後続のクリップが前後に移動します。オフにすると、後続のクリップは移動せず、今編集されているクリップの長さの中で再生できる内容を再生する設定になります。

▶ ［変更後に後続のクリップをシフト］をチェックする

速度［50%］で、**［変更後に後続のクリップをシフト］にチェック**を入れて OK をクリックすると、クリップが長くなった分、後続のクリップが後ろに移動します。

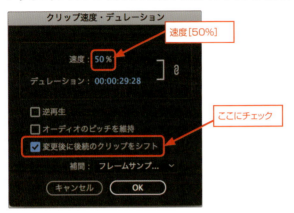

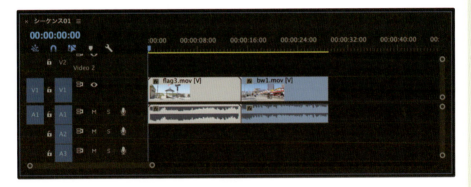

▶ ［変更後に後続のクリップをシフト］をチェックしない

速度［50%］で、［変更後に後続のクリップをシフト］のチェックを外した状態でOKを押すと、クリップの長さは変わらずに、再生できる内容が減る設定になります。ゆっくりした映像が、もとのクリップの長さの分だけ再生されます。

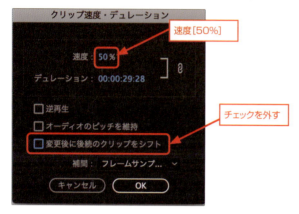

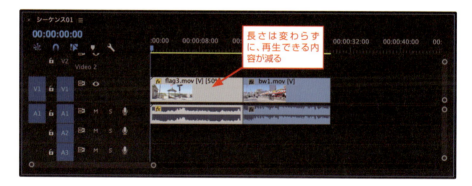

▶▶▶ クリップを静止画のように止める

「フリーズフレーム」という方法で、映像を止めて表示します。

STEP 01　フリーズさせるフレームに再生ヘッドを配置する

クリップの中で映像を止めたいフレームに再生ヘッドを移動しておきます。

STEP 02 [フレーム保持を追加] コマンドを選択する

クリップを右クリックして、[フレーム保持を追加] を選びます。
クリップが再生ヘッドの位置より後ろがトリミングされ、そこから先がフリーズした映像になります。

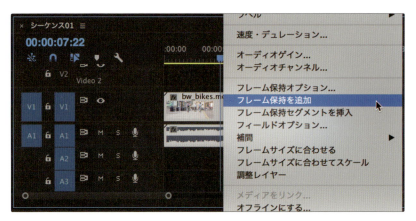

再生ヘッドの位置より先がフリーズした映像になる

フリーズしたフレームを他の時間でも使用する

静止したフレームを別の場所でも使用したい場合は、再生ヘッドを配置してクリップを右クリック、**[フレーム保持セグメントを挿入]** を選択します。

使用したい場所に再生ヘッドを配置

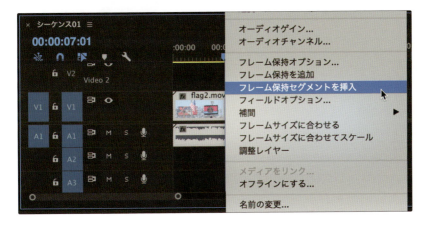

フリーズのクリップが間に割り込んで作成されます。

新しく作成されたこのフリーズクリップを好きな場所で使用することができます。

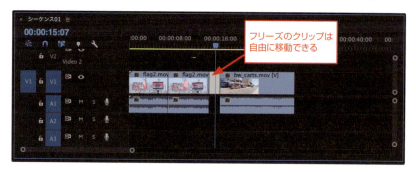

フリーズクリップは自由に長さを変更することができます。

08 エフェクト

Premiere Proではクリップを編集するだけではなく、クリップをエフェクトで加工したり、クリップとクリップをエフェクトで繋いだりすることができます。

Premiere Proのエフェクトには大きく分けて2つのタイプがあります。1つはタイムラインに配置した2つのクリップの間に追加するエフェクトです。これは**トランジション**と呼ばれる場面転換の効果です。もう1つは、クリップに直接追加する**エフェクト**です。

▶▶▶ビデオトランジション

まずは、クリップ間に追加するトランジションについて説明します。

STEP 01 ビデオトランジションを選択する

画面左下の［エフェクト］タブで、エフェクトのリストを確認します。エフェクトタブでは、エフェクトが種類別にフォルダに分けられているので、ここでは、**［ビデオトランジション］**のフォルダを開きます。

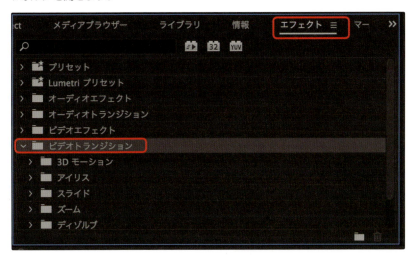

STEP 02 クロスディゾルブを選択する

ここでは、[**クロスディゾルブ**]というトランジションを設定します。前の映像が消えながら次の映像が現れるという、使用頻度の高いトランジションエフェクトです。[ディゾルブ]フォルダの一番上に表示されます。

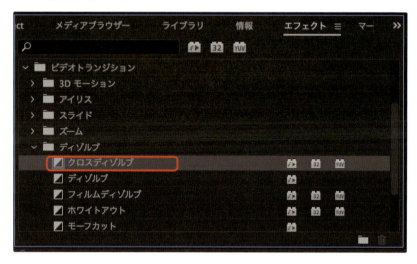

STEP 03 クロスディゾルブを適用する

[クロスディゾルブ]のアイコンをタイムラインまでドラッグし、適用したいクリップとクリップの間に重ねてから離します。

STEP 04 クロスディゾルブが適用される

クロスディゾルブのアイコンが、目的のカット点に現れました。これで、エフェクトが適用されました。

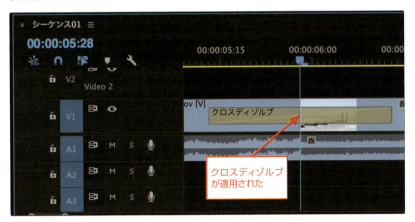

STEP 05 クロスディゾルブの長さを調整する

クロスディゾルブの継続時間を調整する場合は、タイムラインでクロスディゾルブのアイコンを右クリックします。表示されたメニューから[トランジションのデュレーションを設定]を選択します。

[トランジションのデュレーションを設定]ウィンドウが表示されます。このウィンドウで継続時間を設定します。

たとえばエフェクトを1秒間から2秒間へ、**倍の長さ**にする場合は**[200]**と入力してOKをクリックします。デュレーションの単位は、時間:分:秒:フレームで記述されます。200と入力すると02:00を入力したことと同じになります

エフェクトが2倍の長さになり、タイムライン上でもエフェクトのアイコンが倍の横幅で表示されます。

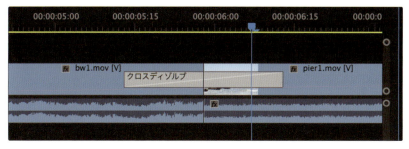

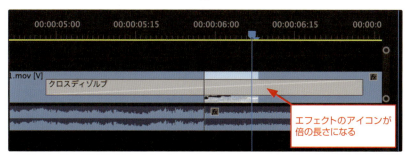

トランジションが倍の時間をかけて、前のクリップから次のクリップに切り替わります。

STEP 06 適用したトランジションを別のトランジションに差し替える

いま適用したエフェクトを他のエフェクトに変えたい場合は、**他のエフェクトをドラッグ**して、すでに適用されているクリップ間に重ねます。先に適用していたトランジションを削除する必要はありません。

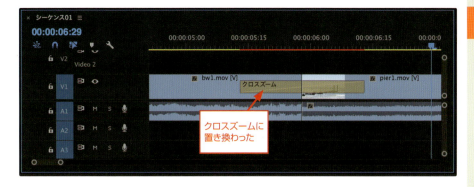

クロスズームが適用された

▶▶▶トランジションの詳細設定

トランジションの細かい設定方法を解説します。ここでは、**[ワイプ]** を適用して解説していきます。トランジションの継続時間以外のパラメーターの設定は、**[エフェクトコントロール] タブ** を使用します。

ワイプが適用されている

 エフェクトコントロールを表示する

エフェクトコントロールには、タイムラインパネルで選択しているものが表示されます。クリップが選択されていると、エフェクトコントロールにはクリップの**パラメーター**が表示されます。

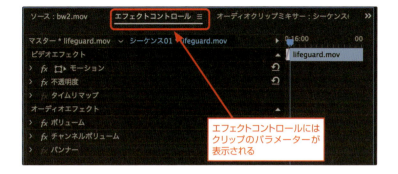

STEP 02 トランジションのエフェクトパラメーターを表示する

タイムラインのトランジションエフェクトを選択すると、トランジションエフェクトのパラメーターが表示されます。ここではワイプを選択しているので、エフェクトコントロールにワイプのパラメーターが表示されました。

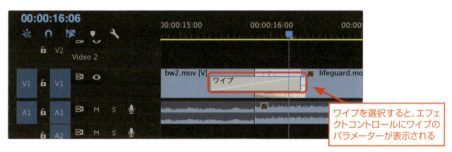

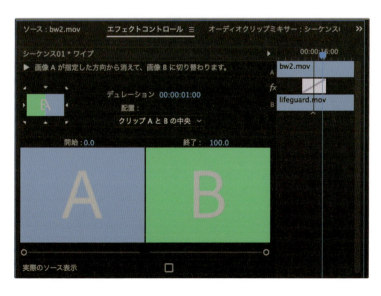

ワイプの設定

ワイプの開始位置を設定するパラメーターがあります。上を選択するとワイプが上から下に切り替わる動きになります。

ワイプが上から下に切り替わる

このように、トランジションの設定はエフェクトコントロールで行います（トランジションの種類によってパラメーターは違います）。

ワイプのパラメータ

スプリットのパラメータ

▶▶▶適用したトランジションを削除する

適用したトランジションを削除したい場合は、トランジションを選択した状態でキーボードの【delete】キーで削除します。
または、アイコンの上で右クリックをして、表示されるメニューから【消去】を選んでも削除することができます。

▶▶▶ビデオエフェクト

次はタイムラインのクリップに適用する**ビデオエフェクト**について説明します。ビデオエフェクトには、カラー補正やブラー、ディストーションなどさまざまな種類があります。

STEP 01　ビデオエフェクトを表示する

エフェクトタブの中の[ビデオエフェクト]を開きます。このビデオエフェクトが、クリップに適用するタイプのエフェクトです。多くの種類が用意されています。

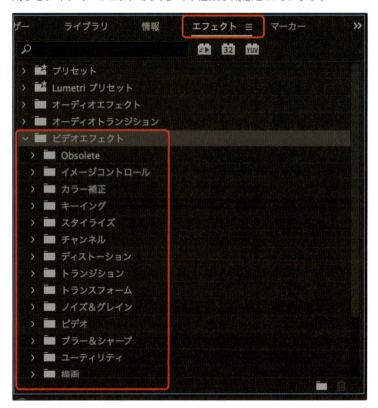

STEP 02　[ブラー&シャープ]を開く

ここでは[ブラー&シャープ]フォルダの中にある[ブラー（ガウス）]という映像をぼかすエフェクトを適用してみます。

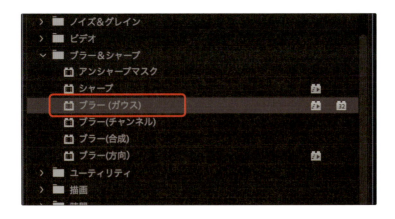

STEP 03 エフェクトを適用する

エフェクトアイコンをクリップへ**ドラッグ**して適用します。

STEP 04 エフェクトを適用したクリップの[fx]アイコンが紫色になる

エフェクトを適用したクリップの**[fx]アイコン**が紫色になります。タイムライン上でどのクリップにエフェクトが追加されているかを確認することができます。

STEP 05 エフェクトコントロールを表示する

エフェクトを適用したクリップを選択した状態で、[エフェクトコントロール]タブを開くと今選択しているクリップのエフェクトが表示されます。[ブラー（ガウス）]のエフェクトを適用しているので、ブラーのパラメーターもここに表示されます。

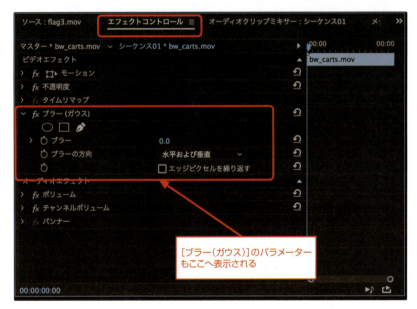

STEP 06 エフェクトのパラメーターを設定する

【ブラー】というパラメーターは、映像をどれぐらいぼかすかというパラメーターです。数字の部分をクリックし、数値を入力するとぼかしの強度を設定することができます。

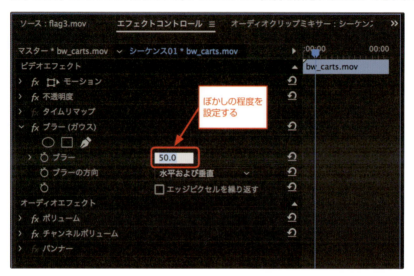

また、直接この数字の上で左右にドラッグして数値を動かすこともできます。直感的に効果を変化させる場合はドラッグを使用し、正確に数値で指定したい場合は入力を使用します。

STEP 07　エフェクトの表示／非表示を設定する

エフェクトコントロールのブラーのパラメーターの左側に、**[エフェクトのオン／オフ]**というボタンがあります。クリックすると、斜線が表示されてエフェクトが一時的に非表示になります。もう一度クリックすると、オンの状態に戻ります。

ここをクリックする

斜線が入りエフェクトが一時的に非表示になる

STEP 08　適用したエフェクトを削除する

追加したエフェクトを削除する場合は、エフェクトコントロールでエフェクトの名前をクリックし、選択した状態でキーボードの**[delete]キー**で削除ができます。

エフェクトコントロールでエフェクトの名前を選択し[delete]キーを押す

09 複数のクリップをレイアウトする

Premiere Proでは、1つの画面の中に複数のクリップを配置することができます。映像に窓が開いてその中に他の映像が流れているような編集を行うことができます。

▶▶▶ 複数の映像を同時に表示する

1つの画面に複数の映像を同時に表示するという効果を**ピクチャインピクチャ**と呼びます。Premiere Proでは、タイムラインで上に配置されたトラックのクリップが常に前面に表示されます。ここでは、上のトラックのクリップのサイズや位置を変えて、下のトラックを同時に表示する方法を説明します。

STEP 01 V1トラックにクリップを準備する

V1トラックにすでにクリップが配置されている状態で、もう1つのクリップを**V2に追加**します。V2トラックにあるクリップの**サイズや位置を変える**ことでV1トラックのクリップも同時に表示することができます。

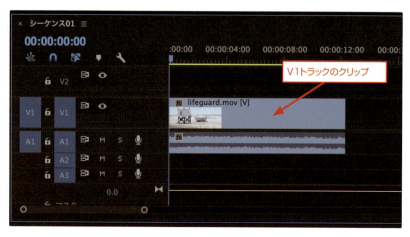
V1トラックのクリップ

STEP 02　V2トラックにビデオクリップのみ配置する

[ソース]パネルにV2トラックに配置するクリップを表示して、ビデオクリップのみシーケンスに追加します。この場合は、ソースの映像からドラッグするのではなく**ソースの[ビデオのみドラッグ]ボタン**を使用します。[ビデオのみドラッグ]のボタンからドラッグをすると、クリップの映像の情報だけがタイムラインに編集されます（[オーディオのみドラッグ]からドラッグすると、音の情報だけが追加できます）。

映像のみ追加された

STEP 03 プログラムパネルで
再生する

プログラムパネルで再生してみると、上のトラックに乗せたクリップが優先して映っていることが確認できます。上に乗せたクリップと下にあるクリップが同じサイズなので、上のクリップのみ見える状態です。上のクリップのサイズや透明度を変えて同時に見えるようにします。

STEP 04 V2クリップのエフェクトコントロールを表示する

V2に追加したクリップを選択して、**エフェクトコントロール**を開きます。

V2に追加したクリップを選択する

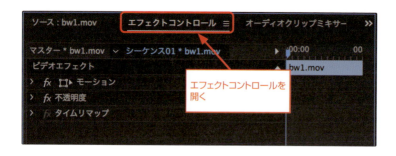

STEP 05 モーションの パラメーターを表示する

エフェクトコントロールの[モーション]パラメーターを表示すると、位置、スケール、不透明度などの設定が表示されます。

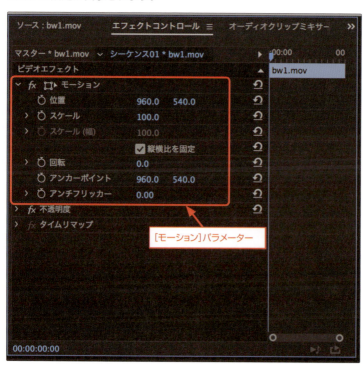

STEP 06 スケールの設定

スケールの数字を100％から下げていくと、クリップサイズが小さくなり、小さくなった分外側があきます。あいた場所には下のV1のクリップが表示されます。

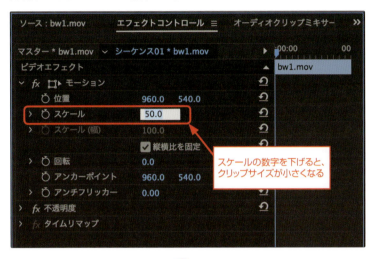

スケールの数字を下げると、クリップサイズが小さくなる

V2のサイズが小さくなり、V1のクリップが表示される

STEP 07 クリップ位置の設定

スケールの上にある位置のパラメーターで、**クリップの位置**を設定します。左側の数値が左右、右側の数値が上下の位置です（画面の左上隅が0,0となります）。

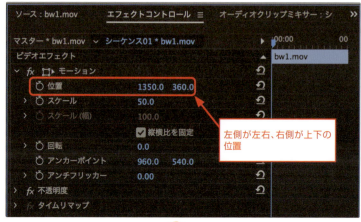

STEP 08 不透明度の設定

不透明度のパラメーターの中の数字を動かすと、半透明や透明にすることも可能です。

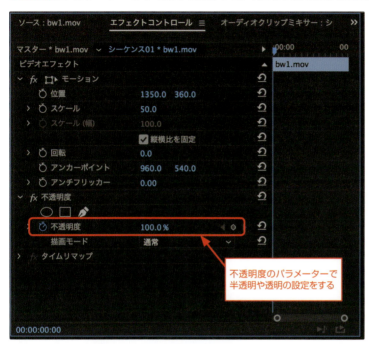

不透明度のパラメーターで半透明や透明の設定をする

不透明度を50%にした

半透明になった

STEP 09 プログラムパネルで調整する

プログラムの画面で直接調整する場合は、エフェクトコントロールの中の[モーション]パラメーターの名前を選択します。プログラムの画面のV2のクリップの端に作業用の線、**トランスフォームボックス**が表示されます。

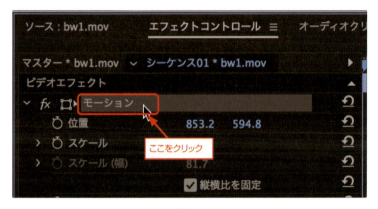

トランスフォームボックスが表示されると、クリップの内側をドラッグすることで位置を変更でき、ポイントをドラッグするとサイズが変更できます。直感的にプログラムの画面で調整をすることができます。

このようにモーションのパラメーターを調整したクリップは、タイムライン上で**[fx]のアイコンが黄色**くなります。

10 映像にテキストを乗せる

画面に文字を追加する方法を紹介します。Premiere Proではテキストクリップとレガシータイトルの2種類の方法が用意されていますが、ここでは、レガシータイトルを使用した方法を説明します。

※テキストクリップは P-190 を参照。

▶▶▶タイトルを作成する

STEP 01 新規タイトルを作成する

ファイルメニューの［新規］の中に**［レガシータイトル］**があります。［レガシータイトル］を選ぶと、新規タイトルのファイルサイズの確認や名前を記入する欄が表示されます。確認してOKを押すとタイトルを作成する画面が現れます。

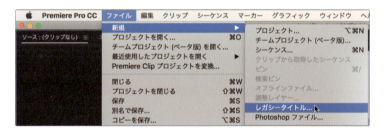

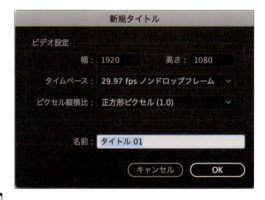

画面の背景に表示されているのは、現在**タイムラインで再生ヘッドが配置されているフレーム**です。フレームを変更する場合は、右上の**タイムコード**の数値で調整します。ツールには、横書き文字ツール、縦書き文字ツールなどがあります。

ここでフレームを変更する

STEP 02 文字を入力する

横書き文字ツールを選択し、画面内でクリックするとカーソルが点滅します。この状態でキーボードから文字を直接入力します。

横書き文字ツール

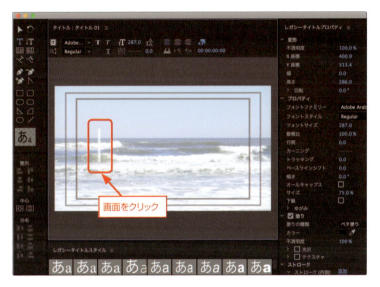

STEP 03 文字の位置を移動する

文字を入力し終わったら、一番左上の**選択ツール**をクリックします。入力した文字が選択されます。文字が選択された状態では、ドラッグして好きな場所に移動することができます。

選択ツール

ドラッグして移動できる

STEP 04 フォントとサイズを変える

現在選択されているテキストの**パラメーター**が、右側に大きく表示されています。
フォントやフォントのサイズの変更などの調整をこのパラメーターで行います。カラーは［塗り］の下にある**カラー欄の四角形**をクリックすると**カラーピッカー**が表示されるので、色を調整することができます。

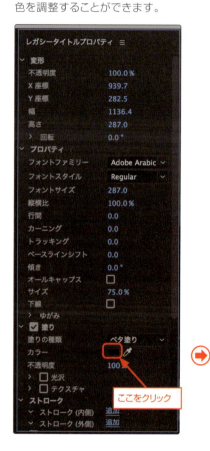

STEP 05 ストロークを調整する

文字でよく使用される**エッジ（ふち）**は、レガシータイトルではストロークと呼ばれます。**[ストローク（外側）］の追加のボタン**をクリックすると、エッジが1つ追加されます。下のサイズのパラメーターを動かすと、エッジの太さを調整できます。

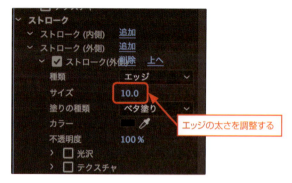

［ストローク（外側）］の下にある**カラー欄の四角形**をクリックすると**カラーピッカー**が表示されるので、色を調整することができます。

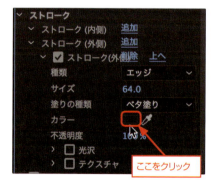

STEP 06 タイトルを閉じる

タイトルウィンドウを閉じると、プロジェクトパネルにタイトルのファイルが作成されています。

タイトルが作成されている

STEP 07 トラックにタイトルを追加する

タイトルを、**プロジェクトパネル**から**タイムライン**のV2またはV3などのトラックに**ドラッグ**して追加します。タイトルが画面上に表示され、背景には下のトラックに配置されているクリップが表示されます。

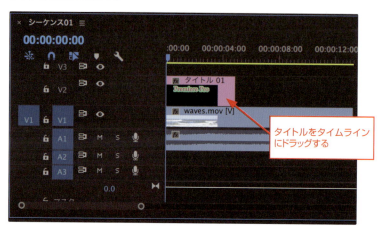

タイトルをタイムラインにドラッグする

V1トラックの映像を背景にしてタイトルが表示される

STEP 08 タイトルを変更する

タイトルの内容を変更する場合はタイムラインにあるタイトルのクリップを**ダブルクリック**してタイトルウィンドウを表示します。変更後、ウィンドウを閉じると変更が反映されます。

11 ムービーファイルに書き出す

編集したシーケンスをムービーファイルとして書き出します。書き出す範囲やQuickTime形式などのフォーマット、また保存先などを指定します。

STEP 01 書き出しするシーケンスを表示する

書き出したいシーケンスをタイムラインに表示して、タイムラインパネルを**選択**した状態にしておきます。

タイムラインパネルを選択しておく

STEP 02 書き出し画面を表示する

ファイルメニューの**[書き出し]/[メディア]**を選びます。書き出し設定の画面が表示されます。

STEP 03 書き出しの範囲を設定する

書き出し設定画面の左下の**[ソース範囲]**で、書き出す範囲を指定します。**[シーケンス全体]**を選択すると、編集中のシーケンスがすべて対象になります。

STEP 04 出力フォーマットを選択する

ムービーファイルの**[形式]**で**出力フォーマット**を選択します。
たとえば、Quick Time を選択すると、QuickTimeのコーデック選択画面が[ビデオ]タブの中に表示されます(フォーマットによって内容は変わります)。

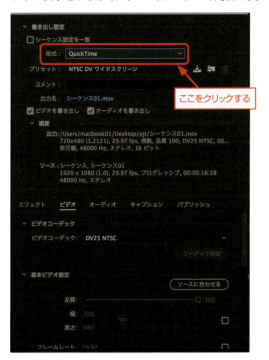

出力フォーマットを選択

STEP 05 保存先を設定する

保存先と、そのファイル名を設定します。[出力名]の横の(仮でシーケンスの名前が表示されている)名前をクリックすると、ウィンドウが表示されるので場所や名前を指定します。

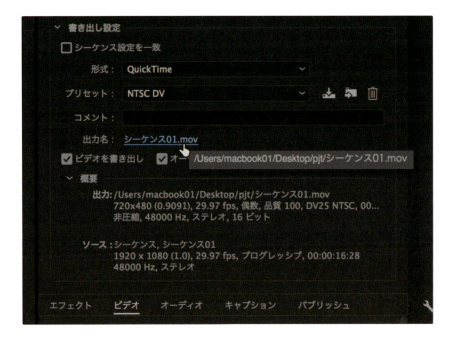

STEP 06 出力する

すべて書き出しの設定が整ったら、**[書き出し]** のボタンを押してムービーファイルを書き出します。

02

応用編

基本編ではPremiere Proでの
映像制作の基礎について説明しました。
応用編では一歩進んで、よく使う機能、
知っておくと役に立つテクニックを
ピックアップして解説します。

01 パッチング/ロック/ターゲットを使ったトラックの操作

ここでは、基礎編では紹介していなかった[タイムライン]パネルでのトラック操作の便利な機能について紹介します。

▶▶▶ パッチング

パッチングは、[ソース]パネルに表示されている**クリップをどのトラックに挿入するか**を指定します。パッチは、トラックの一番左側に表示されています。

STEP 01 クリップを挿入したいトラックを指定する

[ソース]パネルにクリップを表示すると、そのクリップに入っているビデオとサウンドのパッチが[タイムライン]パネルのトラックの一番左側に表示されます。クリップにビデオが含まれていればV1、サウンドが含まれていればA1というパッチが表示されます。

パッチが表示される

［ソース］パネルに表示されたクリップを挿入すると、パッチが配置されているトラックに挿入されるので、まずはクリップを挿入したいトラックの位置にV1パッチをドラッグして移動します。ここではV2トラックの位置に移動しました。

V2トラックの位置に移動した

STEP 02 クリップを上書きで挿入する

パッチの位置を変更したら、タイムラインの再生ヘッドをクリップの再生を始めたい位置に移動して、［ソース］パネルの**［上書き］ボタン**をクリックします。

再生ヘッドを移動

V2トラックにクリップが配置されました。

クリップをドラッグ＆ドロップで配置する

［ソース］パネルの［上書き］ボタンではなく、［ソース］パネルから直接パッチで指定したトラックにドラッグ＆ドロップすることもできます。このとき、オーディオトラックのパッチも配置したいトラックに移動しておけば、元のオーディオクリップを上書きせずに自動的にパッチを設定したドラッグに配置することができます。
ここでは、V3とA2にパッチを移動してクリップをドラッグ＆ドロップしてみました。

V3とA2トラックにパッチを移動した

ドラッグ＆ドロップ

▶▶▶トラックをロックする

パッチの右側にある**鍵のアイコン**をクリックすると、そのトラックを**ロック**して編集できなくすることができます。ロックされたトラックには斜線が引かれ、[ソース] パネルからクリップをインサートしても影響を受けません。

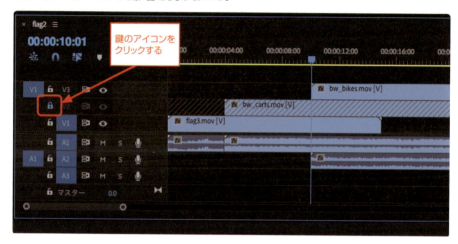

[ソース] パネルでインサートするクリップを表示して、**[インサート] ボタン**をクリックします。

ロックされていないトラックは V3 トラックにクリップがインサートされたことで、クリップが分割されますが、ロックされた V2 トラックには影響がありません。

▶▶▶トラックターゲット

ロックアイコンの右側にあるのが**トラックターゲット**です。トラックターゲットは［タイムライン］パネルで作業をするときには便利な機能です。

［タイムライン］パネルでは、キーボードの**［上下の矢印］キー**を押すことで、クリップの**編集点（イン点・アウト点）に再生ヘッドを動かす**ことができます。

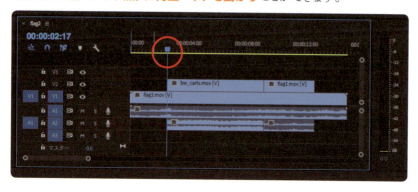

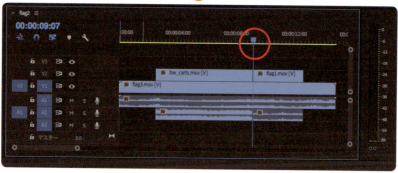

この矢印キーで再生ヘッドを動かすときに、トラックターゲットを使用すると、指定したトラックのみに反応して再生ヘッドを動かすことができます。たとえば図のように、V2、A2トラックのトラックターゲットをオフにして［上下の矢印］キーを押すと、V1A1の編集点のみに再生ヘッドを動かすことができます。

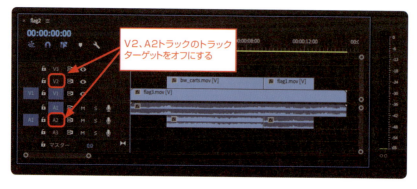

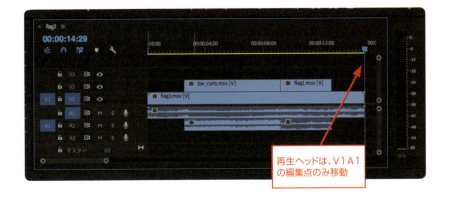

▶▶▶コピーの貼り付け先になる

このほかにも、トラックターゲットを使用すると、**コピーしたクリップの貼り付け先**を設定することもできます。まずは、1つタイムライン上のクリップを選択してコピーします。

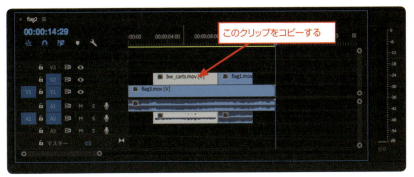

現在V1、V2のトラックターゲットがオンになっている状態ですが、この状態でコピーしたクリップを貼り付けるとオンになっている一番数字が小さいトラック（ここではV1）にクリップが貼り付けられます。

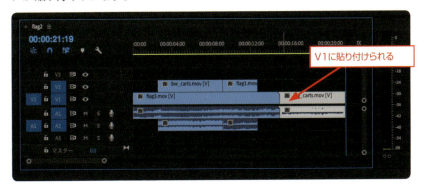

次に、V1A1のトラックターゲットをオフにしてV2A2、V3A3がオンになっている状態で貼り付けます。

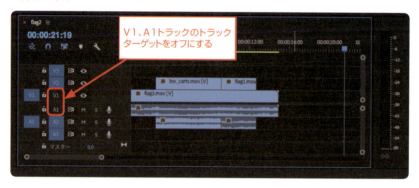

トラックターゲットがオンになっているトラックのなかで、一番数字が小さいV2、A2トラックにコピーしたクリップが貼り付けられます。

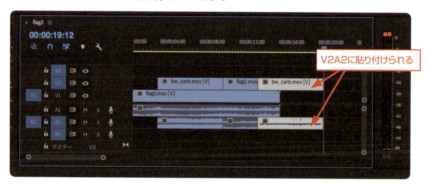

02
スピードを変更しながら編集する

クリップをインサートするときに、別のクリップの音声の長さに合わせた長さに変更してインサートしたいという場合があります。そのような場合の編集方法を紹介します。

STEP 01 ソースとプログラムで編集点を設定する

まずは、[プログラム]パネルでクリップを挿入したい範囲にイン点とアウト点を設定します。

挿入したい範囲にイン点とアウト点を設定

次にインサートしたいクリップを[ソース]パネルに表示して、インサートしたい範囲にイン点アウト点を設定します。

STEP 02 [ソース] パネルで [上書き] する

[ソース]パネルの[上書き]ボタンをクリックします。

[ペースト範囲の調整]ウィンドウが表示されるので、「範囲に合わせてクリップ速度を変更」を選択します。このウィンドウは、[ソース]パネルと[プログラム]パネルそれぞれにイン点アウト点が設定されている場合だけ表示されます。

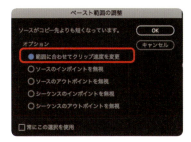

OKボタンをクリックすると、[プログラム]パネルでイン点アウト点を指定した範囲にクリップが挿入されます。

▶▶▶TOPICS

[ペースト範囲の調整]ウィンドウが表示されない場合は、[環境設定]から[タイムライン]を選択し、「編集範囲が一致しない場合に、ペースト範囲の調整ダイアログを開く」にチェックが入っているか確認します。

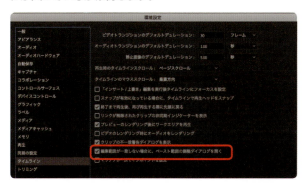

03
再生ヘッドを中心にクリップを置き換える

次の編集方法は、イン点アウト点というはっきりとした編集点を使用しない編集方法です。

クリップのリプレイスと呼ばれる方法です。再生ヘッドの位置に［ソース］パネルで表示されているフレームを一致させた状態で、クリップを入れ替えます。

STEP 01 クリップを入れ替えたいポイントにインジータを移動させる

クリップを入れ替えたい位置に再生ヘッドを移動させます。

［ソース］パネルに表示したクリップと入れ替えるクリップ（再生ヘッドがあるクリップ）を選択します。

入れ替えるクリップを選択する

STEP 02 ［ソース］パネルでフレームを表示する

［ソース］パネルに表示したクリップの再生ヘッドのある位置に一致させたいフレームを表示させます。このフレームにイン点やアウト点を作成する必要はありません。

［ソース］パネルに一致させたいフレームを表示

タイムラインで選択されているクリップ上で右クリックしてメニューを表示し、**「クリップで置き換え」**から**「ソースモニターから（マッチフレーム）」**を選択します。

再生ヘッドがある場所を中心に、[ソース]パネルに表示されたクリップで置き換えられます。元のクリップの長さにトリミングされるので、範囲を超えた部分はカットされます。ナレーションのタイミングで特定のフレームを再生したい場合などに便利な機能です。

クリップが置き換えられた

04 スリップ編集・スライド編集

基礎編では、トリミングツールとして、リップルツールとローリングツールの紹介をしましたが、ここではさらに編集に便利なトリミングツールとして、スリップツールとスライドツールの紹介をします。

▶▶▶ スリップツールを使った編集

スリップツールは、**クリップの長さを変えずに中身をずらす**、つまりクリップのイン点とアウト点の位置だけを変更するトリミングの方法です。まずはスリップツールを選択します。

スリップツールを選択したら、イン点とアウト点の位置をずらしたいクリップの上でドラッグします。

クリップ上でドラッグを始めると、[プログラム]パネルの表示が分割されます。タイムコードが表示されている左側の映像はイン点の映像、右はアウト点の映像が表示されています。この2つの映像を見ながら左右にドラッグして、自分が使いたい映像の範囲を設定していきます。ちなみに、左上の映像は前のクリップのアウト点、右上の映像は後ろのクリップのイン点の映像が表示されています。

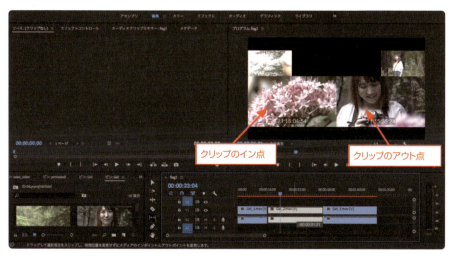

▶▶▶スライドツールを使った編集

スライドツールは、選択したクリップの長さもイン点アウト点の位置も変えませんが、タイムライン上での編集位置を変更します。具体的には、**選択したクリップの前のクリップのアウト点と後ろのクリップのイン点の位置を変更**することになります。まずは、スライドツールを選択します。スライドツールはスリップツールのアイコンの右下をクリックすると、メニューが表示されるので、そこで「スライドツール」を選択することで切り替えることができます。

スライドツールを使って左にクリップを移動させてみます。すると、前のクリップの後ろの部分が短くなり、後ろのクリップの前の部分が伸びていきます。スライドツールでもスリップツールと同様に［プログラム］パネルの表示が分割されます。上部の2つの小さい映像は左がスライドさせているクリップのイン点、右がアウト点の映像になります。左上は前のクリップのアウト点、右上は後ろのクリップのイン点になります。

このように、**リップルツール**、**ローリングツール**（以上は基礎編で解説）、**スリップツール**、**スライドツール**の4つのツールで何ができるのかを把握しておけば、クリップを配置した後でも細かい編集点の微調整をすることが可能になります。

05 マスクを使った映像編集

映像の一部分だけをぼかしたいなど、範囲を限定してエフェクトをかけたい場合はマスクを使用します。ここではこのマスクを使用した映像の加工の方法を解説します。

▶▶▶ マスクを使ってエフェクトを限定的に使用する

STEP 01 ブラー（ガウス）エフェクトを適用する

エフェクトのマスク処理をしたいクリップに、[**ビデオエフェクト**]の[**ブラー&シャープ**]から「**ブラー（ガウス）**」を選択して、ドラッグ&ドロップします。

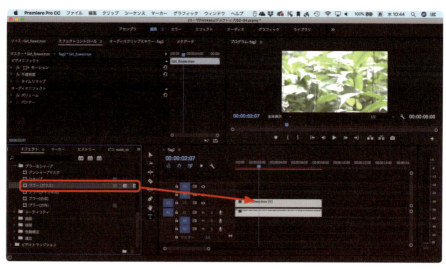

STEP 02 エフェクトにマスクを作成する

エフェクトを適用したクリップを選択して、[**エフェクトコントロール**]パネルを開くと、「ブラー（ガウス）」が追加されます。プロパティにはマスクの描画ツールがあります。多くのエフェクトにはこの**マスクの描画ツール**が用意されています。マスクには楕円形、長方形、自由な形状にマスクを作成することができるペンが用意されています。

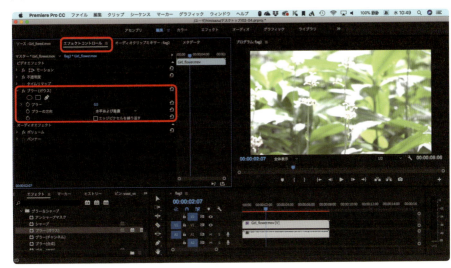

マスクを作成する前に、「ブラー」の値を大きくして、クリップ全体をぼかします。

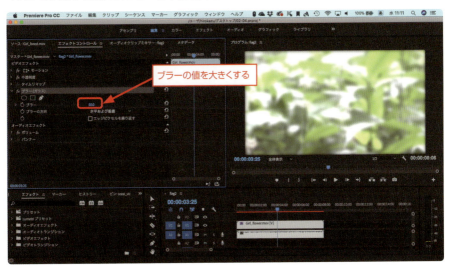

マスク描画ツールをクリックするとクリップに**マスク**が作成されます。ここでは楕円のマスクをクリックしたので、楕円形のマスクが作成されました。楕円形の内側だけにブラーがかかった状態になります。

楕円形の内側だけにブラーがかかる

マスクの位置は、マスクを選択した状態でドラッグすると移動させることができます。

マスクはドラッグすると移動できる

マスクの形状を変えるには、マスクに表示されている**ハンドル**をドラッグして縦横の比率を変更します。

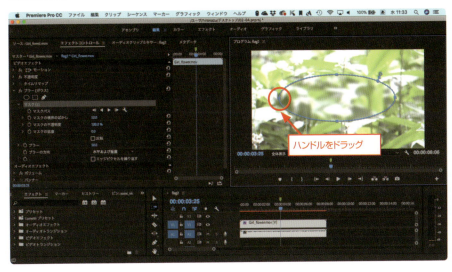

ハンドルをドラッグ

マスクの境界をぼかすこともできます。境界をぼかすには、エフェクトの「マスク」プロパティの「**マスクの境界のぼかし**」の値を大きくするか、クリップ上に表示されているマスクの境界ぼかしのハンドルをドラッグすることで、境界をぼかす範囲を設定することができます。

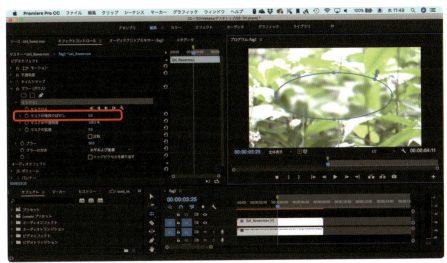

STEP 03 マスクを反転させる

デフォルトでは、マスクの内側にエフェクトがかかっていますが、マスクのプロパティの「反転」にチェックを入れるとマスクの外側だけにエフェクトがかかるようになります。

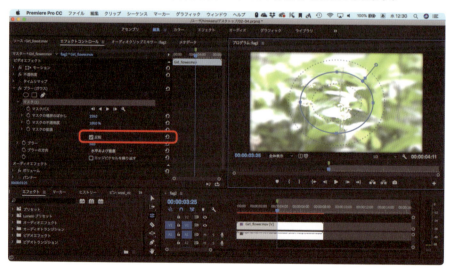

STEP 04 マスクが移動するアニメーションを作成する

作成したマスクにはアニメーションも作成することもできるので、焦点が合った部分が移動する、というような映像も作成することができます。まずはアニメーションを開始する時間に**再生ヘッド**を移動させます。

再生ヘッドを移動する

マスクの位置をアニメーションのスタート位置に移動させます。

マスクの位置を移動する

［エフェクトコントロール］パネルのマスクのプロパティにある「マスクパス」の**ストップウォッチのアイコン**をクリックします。クリックするとマスクの位置や形状にキーフレームが作成されます。

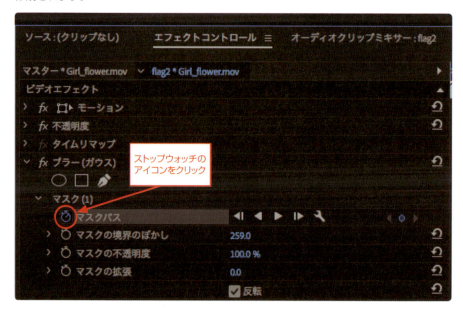

次にアニメーションが終了するフレームに再生ヘッドを移動させます。

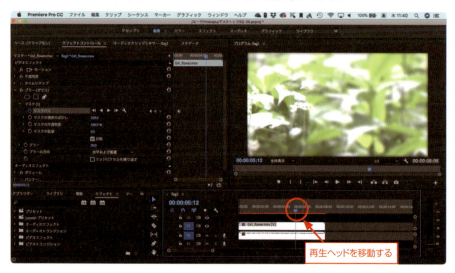

マスクをドラッグして、アニメーションが終了する位置まで移動させます。終了のキーフレームは自動的に作成されます。

再生すると、ピントの合った部分が左から右へ動いていきます。

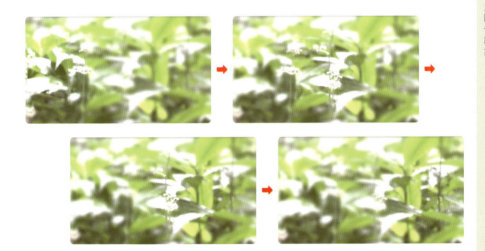

STEP 05 マスクを追加する

クリップに対してマスクはいくつでも追加することができます。エフェクトプロパティの**マスク描画ツール**をクリックする度にマスクが追加され、マスク（2）、マスク（3）という風に名前が付けられていきます。

▶▶▶ マスクを使って必要な範囲だけを切り出す

STEP 01 クリップ全体にマスクを作成する

次にマスクを使ってクリップで必要な部分だけを取り出す方法を紹介します。現状では、森のクリップ（V1トラック）の上に、女性のクリップ（V2トラック）が乗せてある構造になっています。

クリップ全体にマスクを作成するには、切り抜きたいクリップを選択して、[**エフェクトコントロール**]の[**不透明度**]にある**マスク描画ツール**を使用します。

[不透明度]のマスク描画ツール

マスク描画ツールの使い方は、エフェクトにマスクを作成したときと同じです。ここではペンマスクツールを使ってマスクを作成していきます。**ペンマスクツール**をクリックすると、マスクが作成されます。

ペンマスクツールで、クリップをクリックしながらマスクを描画していきます。

最後にマスクの始点をクリックして閉じた状態にすると、マスクを描画した範囲だけが切り取られます。

マスクの形状を修正したり、マスクの「マスクの境界をぼかす」の値を調整して下にあるクリップと馴染ませていきます。

▶▶▶TOPICS

動いているものを切り抜くときは、マスクパスに**キーフレーム**を作成し、細かく映像に合わせてマスクのパスを変形させていきます。そうすることで不定形なマスクの形状でも、アニメーションで変形させることができます。

06 同じエフェクトを他のクリップに適用する

ここでは、あるクリップに適用されているエフェクトを他のクリップにも適用する方法を紹介します。たとえば、複数のクリップに同じ設定のカラーバランスを適用するような場合に便利です。

▶▶▶属性ペーストでコピーする

まずは**属性ペースト**を使ったエフェクトのコピーの仕方を紹介します。図は1つのクリップにカラーバランス（HSL）が適用された状態です。［彩度］が-70に設定されています。このエフェクトが適用されているクリップを選択して、⌘+C(Ctrl+C)を押してコピーします。

次にコピーしたエフェクトを適用したいクリップを選択して、クリップ上で右クリックしてメニューを表示し、［属性をペースト］を選択します。

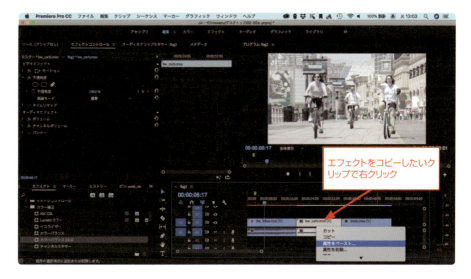

コピーしたエフェクトのいろいろなパラメータが表示されるので、コピーして使用したいエフェクトにチェックを入れます。ここでは、すべてのエフェクトにチェックを入れました。エフェクトが選択できたら、OKボタンをクリックします。

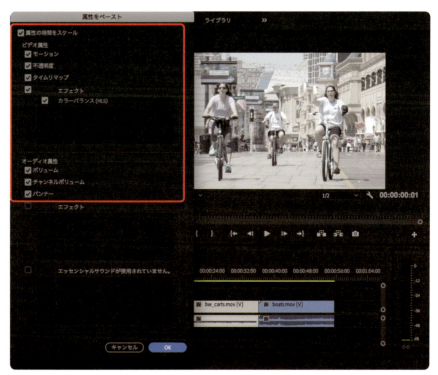

OKボタンを押すとクリップにエフェクトが適用されて、コピーしたエフェクトと同じ状態になります。

▶▶▶調整レイヤー使用する

次に**調整レイヤー**を使用して複数のクリップに同じエフェクトを適用するやりかたを紹介します。調整レイヤーは、**エフェクト専用の透明なクリップ**を作成することで、下に見えているトラックにそのエフェクトを適用するものです。調整レイヤーを作成するには、[プロジェクト]パネルの[新規項目]アイコンをクリックして、「調整レイヤー」を選択します。

調整レイヤーの解像度を設定するウィンドウが表示されるので、編集中のシーケンスと同じ解像度、タイムベース、ピクセル縦横比に設定してOKボタンを押します。デフォルトで現在のシーケンスと同じ設定になっているので、変更がなければそのままOKボタンをクリックしていいでしょう。

OKをクリックすると、[プロジェクト]パネルに調整レイヤーが追加されます。

この調整レイヤーをシーケンスのエフェクトを適用したいビデオトラックの上にあるビデオトラックにドラッグ&ドロップします。

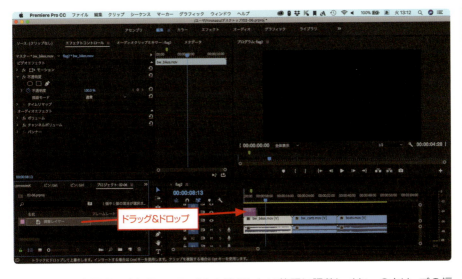

調整レイヤーを配置できたら、エフェクトを適用したい範囲に調整レイヤーのクリップの編集点をドラッグして、長さを合わせます。

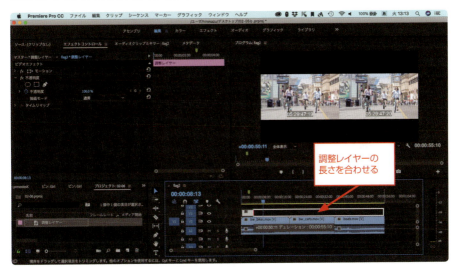

調整レイヤーを配置しただけでは、映像に変化がおきません。透明のレイヤーを乗せている状態になります。そこで、使用したいエフェクトを[エフェクト]パネルから選択して、調整レイヤーにドラッグ&ドロップします。ここでは、**カラーバランス（HLS）**を適用してみました。

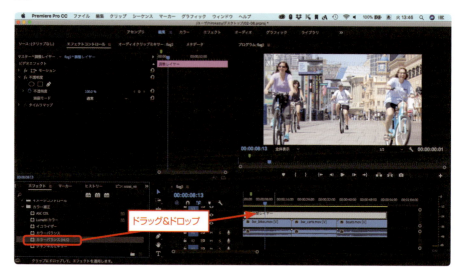

調整レイヤーに適用したエフェクトのパラメータを調整すると、調整レイヤーの範囲の下にあるクリップにはすべて同じエフェクトが適用されます。

調整レイヤーを使用すると、同じエフェクトを複数同時に適用できるというだけではなく、エフェクトの編集も調整レイヤーのエフェクトを編集するだけで、複数のクリップのエフェクトの状態を同時に変更することができるので、非常に便利です。
調整レイヤーは、一本のクリップなので、複数のクリップにまたがって、エフェクトのパラメータがアニメーションしていくということも可能です。ここでは、調整レイヤーに適用してカラーバランス（HSL）の「彩度」の値にアニメーションを付けてみました。

07 再生スピードの変更

ここでは、クリップの再生スピードを変更する方法を紹介します。速度を変更するとクリップの長さも変わってきます。シーケンス全体の長さを変えたくない場合は、再生を途中で止めることもできます。

▶▶▶ 再生スピードを変更する

再生スピードを変更する方法を紹介します。まず再生スピードを変更したいクリップを選択します。

選択したクリップの上で右クリックして、表示されるメニューから「**速度・デュレーション**」を選択します。

［クリップ速度・デュレーション］ウィンドウが表示されるので、何パーセント速度を変化させるのかを設定します。たとえば50％にしてスピードを半分にしたいという場合は50と入力します。

速度を変更すると、当然タイムラインに並べたクリップの長さも変わってくるので、[クリップ速度・デュレーション]の「**変更後に後続のクリップをシフト**」で後続のクリップの処理を設定します。この設定にチェックを入れると、速度を50%に設定してクリップの長さは2倍になった分だけ後続のクリップ位置が変化し、全体のシーケンスの長さが変更されます。

クリップの長さは倍になるので、全体の長さは変更される

「変更後に後続のクリップをシフト」にチェックを入れなければ、選択したクリップの長さのまま、映像の再生スピードだけが遅くなり、クリップの前半半分だけが表示されることになります。

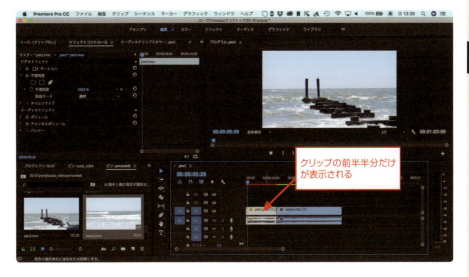

08
テキストクリップでテロップを作成する

映像に文字を挿入したい場合は、レガシータイトルを使うか、テキストクリップを作成するか2つの方法があります。ここでは新しい文字の入力方法であるテキストクリップを使ったテロップの入れ方を紹介します。

STEP 01 テキストを入力する

まず、テロップを入れたいフレームに再生ヘッドを移動します。

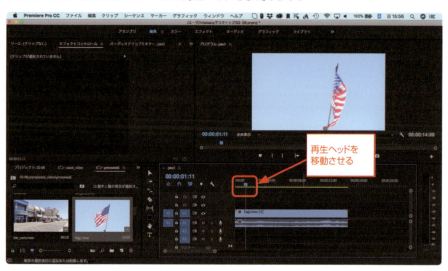

次に、ツールバーから**文字ツール**を選択します。

[プログラム]パネルで文字を入れたい場所でクリックします。

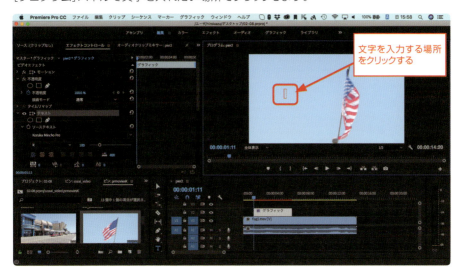

[タイムライン]のシーケンスには、グラフィックというテキスト用のクリップが自動的に作成されます。

［プログラム］パネルに文字の入力キャレットが表示されるので、入力したい文字を入力します。

選択ツールを使って文字を移動させることができます。

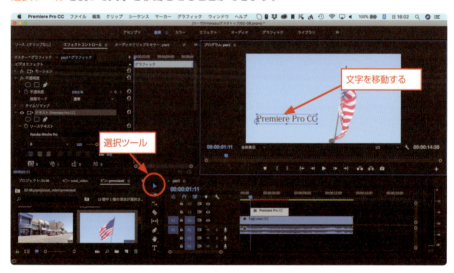

STEP 02 縦書きの文字を入力する

縦書きの文字を入力したい場合は、文字ツールを「**縦書き文字ツール**」に切り替えて[プログラム]パネルの映像の上でクリックします。

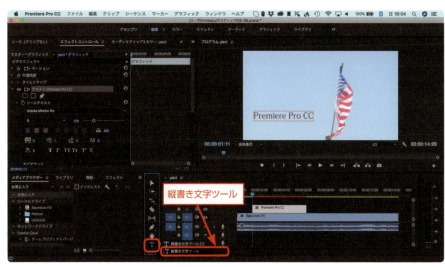

クリックすると縦書き用の入力キャレットが表示されるので、文字を入力していきます。

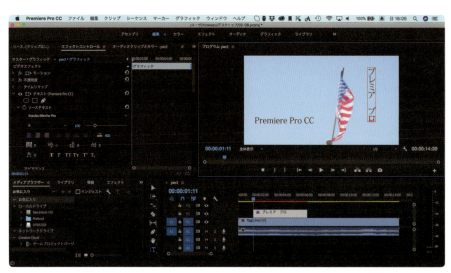

入力された文字は、選択されているグラフィッククリップに入力されます。

STEP 03 図形を挿入する

この**グラフィッククリップ**には、文字の他にも図形を挿入することもできます。図形を挿入するには、グラフィッククリップを選択して、ツールバーの長方形ツールもしくは楕円形ツールを選択します。

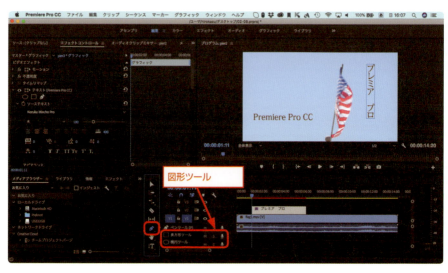

[プログラム]パネルでドラッグすると映像に図形を挿入することができます。

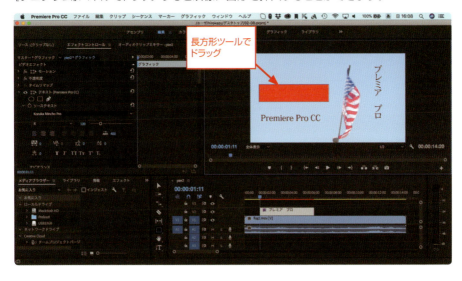

STEP 04 文字を変更する

文字の大きさやフォントなどを変更したい場合は、変更したい文字を[プログラム]パネル上で選択して、[エフェクトコントロール]の**[テキスト]プロパティ**で変更します。フォントを変更したい場合は、**[ソーステキスト]のフォントのリスト**を変更します。

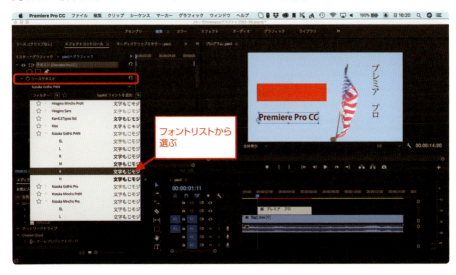

文字の大きさを変更するには、フォントの下にある**サイズ**のスライドをドラッグして大きさを変更します。

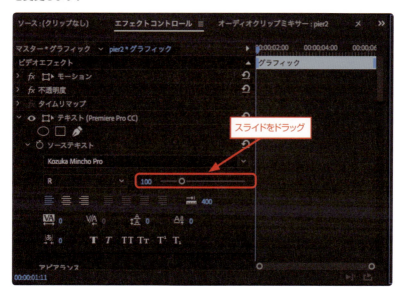

文字の色は、**[アピアランス]**で変更します。アピアランスは「塗り」「ストローク」「シャドウ」で構成されています。文字色を変更するには、「塗り」のカラーをクリックして**カラーピッカー**を表示し色を選択します。

文字に縁取りを付けたいときには、「**ストローク**」にチェックを入れます。「ストローク」のカラーをクリックして、カラーピッカーから色を選択すると、選択した色の縁がつきます。縁の幅を調整したい場合は、「ストローク」の右にある値を変更します。

「**シャドウ**」は文字の影を作成します。

STEP 05 重ねる順番を変更する

グラフィッククリップに作成した文字や図形は重ねる順番を変更することができます。たとえば文字の下に図形を敷くこともできます。重なる順番は［エフェクトコントロール］に表示されている順番で決まります。一番下にあるテキストもしくはシェイプが一番上に表示されます。順番を変更するには、テキストもしくはシェイプをドラッグして［エフェクトコントロール］内での位置を変更していきます。

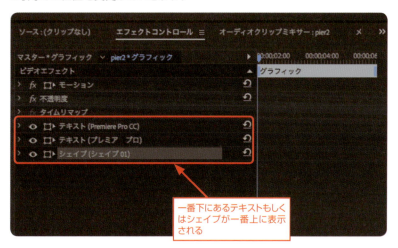

一番下にあるテキストもしくはシェイプが一番上に表示される

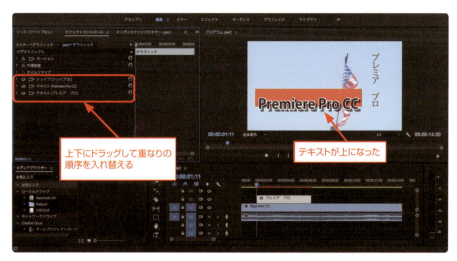

上下にドラッグして重なりの順序を入れ替える

テキストが上になった

09 Media Encoder CCを使った複数条件の出力

ここでは、Mediaエンコーダーを使った映像の出力について紹介します。Mediaエンコーダーを使用すると、複数の条件のムービーをバッチ処理で一度に出力することができます。

STEP 01 キューを作成する

シーケンスで編集した映像を書き出すには、[タイムライン]パネルをクリックしてアクティブにした状態で、[ファイル]メニューの[書き出し]から「**メディア**」を選択します。

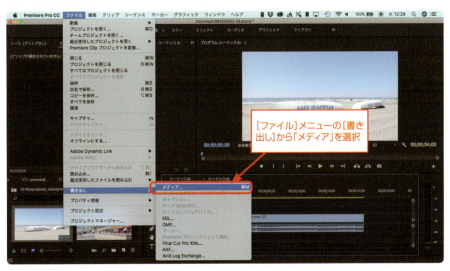

[書き出し設定]のウィンドウが表示されます。ここで出力するファイル形式の設定など、書き出し設定をしたあとに、[書き出し]ボタンをクリックすると、設定した条件でシーケンスの内容をムービーファイルとして出力することができます。しかし、この方法だと一度に1つのファイルしか出力できないので、複数の条件で出力したい場合は**[キュー]ボタン**をクリックして、条件ごとにMedia Encoderにキューを登録していきます。

STEP 02　Media Encoderの設定をする

[キュー]ボタンをクリックすると、**Media Encoder CC**が立ち上がります。[キュー]パネルにPremiere Proで設定した条件のキューが表示されます。

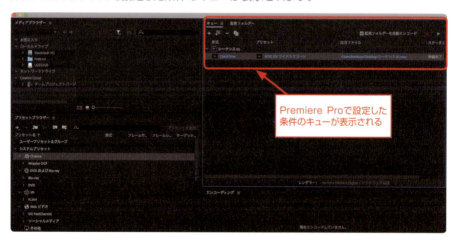

キューの設定を変更したい場合は、表示されているキューをクリックすると「書き出し設定」のウィンドウが開き、設定を変更することができます。

キューをクリックする

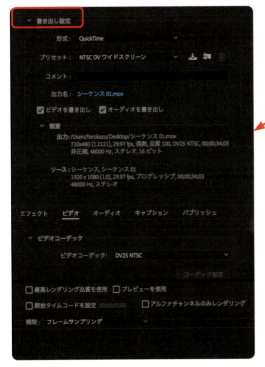

「書き出し設定」ウィンドウが開く

09 Media Encoder CCを使った複数条件の出力

また、別のシーケンスの映像のキューを追加したい場合は、Premiere Proに戻って出力したいシーケンスを［タイムライン］に表示します。

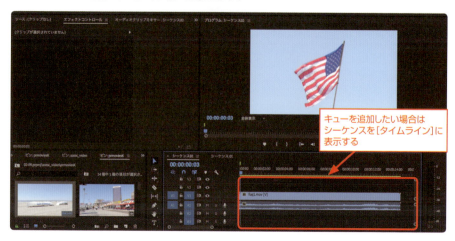

キューを追加したい場合はシーケンスを［タイムライン］に表示する

再び［ファイル］メニューから［書き出し］から「メディア」を選択します。

［書き出し］から「メディア」を選択する

出力設定を設定して、[キュー]ボタンをクリックします。

Media Encoder CCに表示が切り替わると、[キュー]パネルに新しいシーケンスのキューが追加されます。

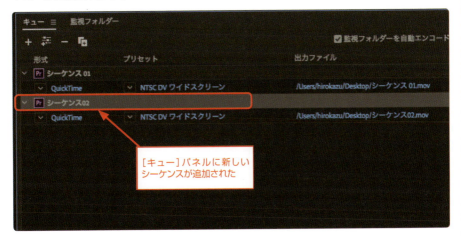

STEP 03 シーケンスの出力キューを追加する

1つのシーケンスのなかで、別の設定の出力キューを追加したい場合は、[キュー]パネルでシーケンスを選択し、**[出力を追加]アイコン**をクリックします。

シーケンスにキューが追加されるので、キューをクリックして出力の設定を変更します。

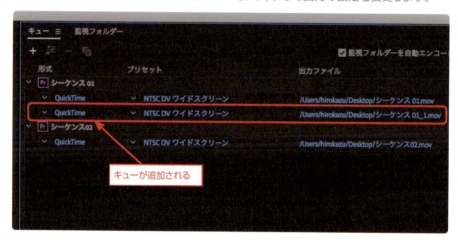

出力設定のウィンドウが表示されるので、ファイル形式や解像度を変更してOKボタンをクリックします。

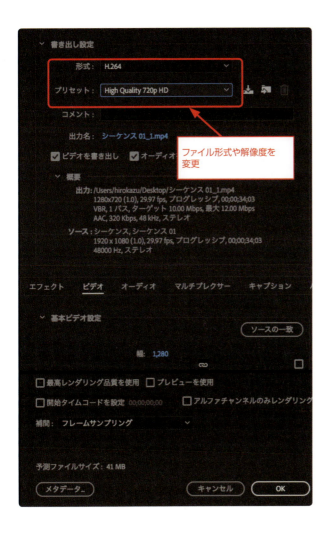

キューの内容が変更されました。

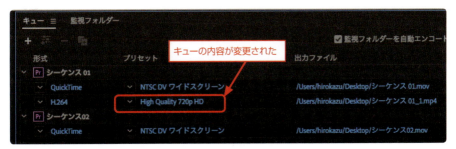

STEP 04 キューを開始する

出力したいキューが揃ったら［**キューを開始**］をクリックして出力を開始します。それぞれのキューで設定した出力先に、設定した形式でシーケンスが出力されます。

［キューを開始］

10 3ポイント編集

映像編集を効率的に進める手法として3ポイント編集があります。編集する場所を3点指定すれば、何をどこに編集するかが決まるという編集方法です。ここでは3ポイント編集のバリエーションを紹介します。

STEP 01 ソースに2点設定する方法

まずは一番オーソドックスな**3ポイント編集**のやり方です。最初にソースクリップにイン点、アウト点を設定してシーケンスに挿入する範囲を設定します。

ソースクリップにイン点、アウト点を設定

シーケンスでソースクリップを挿入する位置に再生ヘッドを移動させます。

[ソース]パネルで[上書き]もしくは[インサート]をクリックします。ここは[**インサート**]をクリックしました。

再生ヘッドがある位置にクリップがインサートされました。ソースのクリップに**イン点**、**アウト点**の2点、シーケンスに**編集点**が1点。最低この3点があれば編集できるという一番オーソドックスな3ポイント編集です。

再生ヘッドがある位置にクリップがインサートされた

STEP 02 編集点をクリップ挿入のアウト点にする

次にシーケンスの編集点に挿入するクリップのアウト点が来るような編集をしてみます。ソースクリップのイン点アウト点を設定したら、再生ヘッドを編集点に移動させます。

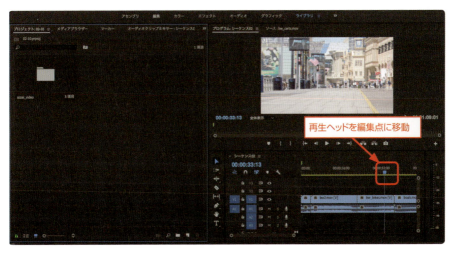

再生ヘッドを編集点に移動

［プログラム］パネルでアウト点を設定します。

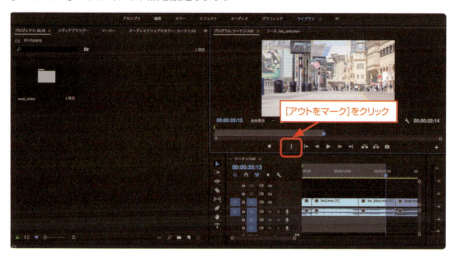

この状態で［ソース］パネルの［**インサート**］をクリックすると、ソースクリップのアウト点が再生ヘッドのある位置に一致してクリップを挿入することができます。

STEP 03 決まった範囲内に挿入する

次にシーケンスで設定した範囲のイン点とソースクリップのイン点を一致させる方法です。ナレーションやセリフなどがあって、その間だけ別の映像を流したい、というような場合に使います。まずは、ソースクリップを挿入したい範囲を、［プログラム］パネルでイン点、アウト点を指定して設定します。

ソースクリップで、映像のイン点だけを設定します。これで3つのポイント編集点が作成されたことになります。

[ソース]パネルで**[上書き]**をクリックすると、シーケンスに設定されたイン点とソースクリップで設定されたイン点が一致した状態で、シーケンスのイン点、アウト点の範囲内にソースクリップが上書きされます。

11 トラックマットを使用する

トラックマットというのは、1つのトラックのクリップを使って、他のトラックの映像をマスクして必要な部分だけを抽出するというものです。文字の中に映像を流したりといろいろな使い方ができます。

トラックマット用のトラックを作成する

ここでは、文字のクリップを**トラックマット**として使用して文字の中に下のトラックを映像が流れるようにします。まずは背景となるクリップをV1トラックに配置します。

次に、文字の中に流すクリップをV2トラックに配置します。

最後に、文字ツールを使ってトラックマット用の文字を入力して**V3に文字トラック**を作成します。

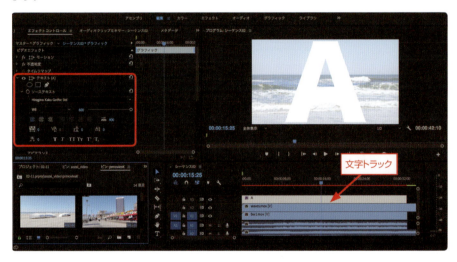

STEP 02 トラックマットキーを適用する

文字のクリップをトラックマットとして使用するには、エフェクトの「**トラックマットキー**」を使用します。[エフェクト]パネルで[ビデオエフェクト]の[キーイング]から「トラックマットキー」を選択して、V2に配置した文字の中に流すためのクリップにドラッグ&ドロップして適用します。

エフェクトを追加したクリップを選択して、[エフェクトコントロール]パネルを開くと、「トラックマットキー」が追加されています。

[トラックマットキー]の[コンポジット用マット]のプロパティが「アルファマット」となっています。これは、V3に配置したクリップの透明部分にはV1トラックが表示され、不透明な部分には[マット]で指定したクリップの映像が表示されるということです。

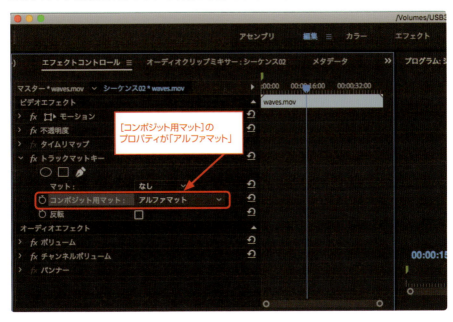

では、[マット]のプロパティを**V3**（Video3）に切り替えます。これで、V3に配置したクリップの不透明な部分を使用してV2にあるクリップを切り抜くことができます。

［マット］をV3に設定すると、図のようにV3に配置した文字の不透明な部分にV2の映像が流れるようになります。背景にはV1の映像が表示されています。

STEP 03 アニメーションを作る

このトラックマットの特徴は、**V3のクリップを使ってV2のクリップを切り抜く**というものなので、V3のクリップにアニメーションを作成すれば、V2の切り抜かれる場所が動いていくというような表現をすることができます。少し凝ったタイトルを作りたいというようなときにとても便利な機能です。

STEP 04 グラデーションにする

このトラックマットキーは、**アルファの透明度によってマスクを作成**するので、たとえば、レガシータイトルの機能を使って文字の塗りを透明から白へのグラデーションにすると、図のように下から徐々にV2のクリップの透明度が変化するような映像も作成することができます。

STEP 05 明度を使う

また、トラックマットの［コンポジット用マット］を「**ルミナンス**」に切り替えると、V3に配置したクリップの明度を使ってV2の不透明度を決めることもできます。たとえば、カラーマットを作成して、そこに「**カラーカーブ**」エフェクトを適用して図のような黒からグレーへのグラデーションを作成します。

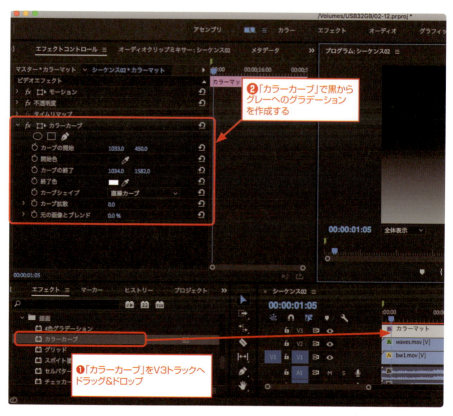

［コンポジット用マット］を「**ルミナンス**」に切り替えます。

すると図のようにグラデーションの明度が高い部分だけにV2に配置したクリップが表示されるようになります。

12 静止画をクリップとして扱う

一眼レフカメラなどで撮影した静止画を映像中のクリップとして使用する方法を紹介します。解像度が高いためいろいろな使い方をすることができます。

STEP 01 大きな写真を映像のフレームに合わせる

一眼レフカメラなどで撮影した画像も、ムービーファイルと同様に [ファイル] メニューの [**読み込み**] を使って画像ファイルをプロジェクトに読み込めば、シーケンス内でクリップとして使用することができます。

シーケンスに配置する場合は、[ソース] パネルを経由せず、直接シーケンスにドラッグ&ドロップします。

配置した静止画クリップの上で右クリックして、表示されるメニューから「**プロパティ**」を選択すると、画像のサイズなどの情報を得ることができます。

[プロパティ]ウィンドウが開き、画像のサイズなどを確認することができます。画像のサイズは5760×3840となっているので縦横比4:3になっていることがわかります。

このような大きなサイズの画像を映像のフレームに合わせるには、シーケンスに配置した画像のクリップを選択して右クリックして、メニューの中から「フレームサイズに合わせる」を選択します。

クリップがシーケンスの大きさに合わせて縮小されます。クリップは4:3になっているので、両脇に黒みが出てしまっています。

この黒みを解消するためには、[エフェクトコントロール]パネルの[モーション]の「**スケール**」で拡大すればいいのですが、倍率が100%になっているので拡大すると画像が粗くなってしまいます。「フレームサイズに合わせる」では、自動的にPremiere Proがクリップのサイズをリサイズしてしまっているのです。

サイズを変更せずフレームに合わせる方法もあります。まずは、もう一度クリップを右クリックして「**フレームサイズに合わせる**」を選択してチェックを外します。するとオリジナルのサイズに戻ります。

画像のサイズをそのままに、フレームの大きさにフィットさせるには、クリップ上で右クリックして、「**フレームサイズに合わせてスケール**」を選択します。

再び、クリップがフレームサイズにフィットしますが、[エフェクトコントロール]パネルの「スケール」の値を見てみると、100%ではなく28.1%になっているのがわかります。

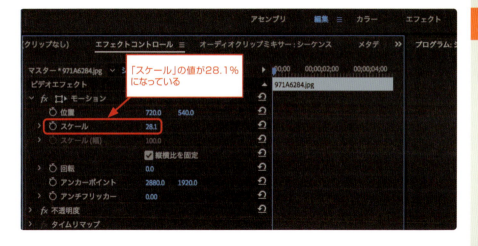

この状態であれば、[モーション]の「**スケール**」を使って拡大しても、画像が荒れることはありません。

STEP 02 高解像を利用した デジタルズーム・デジタルパン

このような高解像度のクリップを使うと、ゆっくりとズームアップしたり、左右に動かしてカメラがパンしているような映像にして画面に説明を加えたりといった、擬似的なカメラワークを付けた表現をすることもできます。

まずは、ゆっくり被写体に近寄っていく**デジタルズーム**を作成してみます。画像クリップをシーケンスに配置して、先ほどの「フレームサイズに合わせてスケール」を使ってフレームに大きさを合わせ、[エフェクトコントロール]パネルの[モーション]の「スケール」を使って黒みがないように配置します。

次にズームを開始したい時間に、再生ヘッドを移動します。

クリップを選択した状態で、[エフェクトコントロール]パネルを開き、[モーション]の「スケール」の**ストップウォッチアイコン**をクリックします。

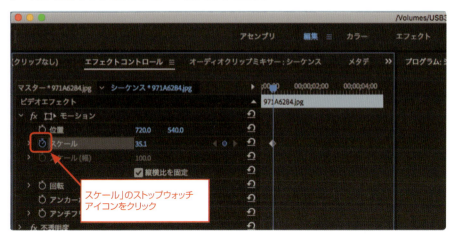

次にズームを終わらせたい時間に再生ヘッドを移動します。

次に[モーション]の「スケール」の値を大きくしてズームします。

再生するとこのように、カメラが被写体に寄っていくようなカメラワークになります。

この状態では顔が画面の中央から外れてしまうので、キチンと顔が中央になるように調整します。再生ヘッドをズームを始めた位置に戻します。

［エフェクトコントロール］パネルの［モーション］にある「位置」のストップウォッチのアイコンをクリックしてキーを作成します。

次にズームが終わる位置に再生ヘッドを移動させます。

［モーション］の「位置」の値を調整して、顔が中央になるようにクリップの位置を調整します。

この状態で再生すると、被写体の顔を中心にカメラが寄っていくカメラワークの映像を作成することができました。

13 Lumetriを使ったカラーグレーディング

Premiere Proには、多くのカラー調整をするエフェクトがありますが、中でも「Lumetriカラー」は機能が豊富で便利です。ここではLumetriカラーでのカラーグレーディングの仕方について紹介します。

▶▶▶基本設定の項目を調整する

STEP 01 Lumetriカラーをクリップに適用する

「Lumetriカラー」エフェクトをクリップに適用するには、[エフェクト]パネルの[ビデオエフェクト]から[カラー補正]の「Lumetriカラー」を選択して、カラー補正を行うクリップにドラッグ&ドロップします。

もしくは、Premiere Proの上部に様々なパネルレイアウトが用意されているので(注:デフォルトでは表示されていない)、その中から、[カラー]を選択してパネルのレイアウトを切り替えます(あるいはウィンドウメニューから[ワークスペース]→[カラー]を選ぶ)。

［カラー］に切り替えると図のようなLumetri専用のレイアウトになります。

画面の右側に「**基本補正**」の項目が表示されます。この状態ではクリップに「Lumetriカラー」が適用されていない状態ですが、何かしらのパラメータを変更すると、［エフェクトコントロール］パネルに「**Lumetriカラー**」が追加されます。ここでは、この［カラー］のレイアウトを使用してLumetriでカラーグレーディングする方法を紹介します。

STEP 02 ホワイトバランス

［基本補正］にある**【ホワイトバランス】**の項目では、白い色がキチンと白くなるように設定します。撮影時の設定で白に色が被ってしまっているような場合に使用します。自動的に調整するには、「**WBセレクター**」の**スポイトツール**で白であるべき部分をクリックします。

クリックすると、クリックした部分が白に近づくように、映像全体の「**色温度**」「**色かぶり補正**」を自動的に調整します。

手動でホワイトバランスを調整したい場合は、「色温度」「色かぶり補正」の**スライダ**を動かして調整していきます。

スライダを動かした後で、値を最初の状態に戻したいという場合は、スライダをダブルクリックすると値が初期値にリセットされます。

STEP 03 トーンを調整する

[トーン]の調整では、映像の明るさについて調整します。[トーン]ではクリップの明るさを何段階かに分けて調整していくことが可能です。
一番暗い部分が「黒レベル」、それより少し明るい部分が「シャドウ」、それよりも明るい光沢部分が「ハイライト」、一番明るい部分が「白レベル」、クリップ全体の明るさを調整するのが「露光量」になります。

[トーン]はクリップの明るさを調整する

まずは、「黒レベル」で暗い部分の明るさを調整します。値を-40にしてみました

黒レベル=0

黒レベル=-40

次に「白レベル」で明るい部分を調整します。値を1.7に設定してみました。

白レベル＝0　　　　　　　　　　　　白レベル＝1.7

映像の中で特に光っている部分は、「ハイライト」を使って調整します。値を70に設定しました。

ハイライト＝0　　　　　　　　　　　　ハイライト＝70

光っている反対側にある陰影の部分は、「シャドウ」で調整します。値を-18に設定しました。

シャドウ＝0　　　　　　　　　　　　シャドウ＝-18

最後に全体の明るさを「露光量」で調整していきます。ここでは、値を0.5に設定しました。

露光量＝0　　　　　　　　　　　　　露光量＝0.5

STEP 04　Lumetriスコープを使用する

これらのトーン調整をするときに便利なのが、「**Lumetriスコープ**」です。スコープが表示されていない場合にスコープを表示するには、「**Lumetriスコープ**」タブをクリックします。

「Lumetriスコープ」タブ

表示されたスコープ上で右クリックして、表示されるメニューから[**ヒストグラム**]を選択します。

スコープ上で右クリックして[ヒストグラム]を選択

[ヒストグラム]は、**どれぐらいの明るさにどれぐらいのピクセルの量があるか**ということを表示します。下の方が暗いピクセル、上の方が明るいピクセルになっています。

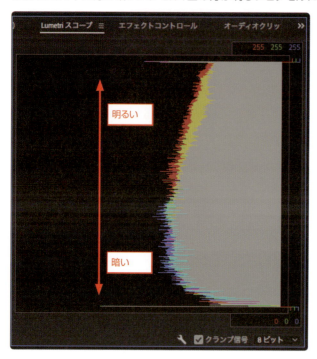

「黒レベル」を0に戻すと、一番暗い部分にはピクセルがない状態になっています。

この状態で「黒レベル」の値を大きくしていくと、明るい部分には影響を与えずに暗い部分が多くなっていくのがわかります。

一番暗い部分まで階調を使うことで、映像全体が締まった感じになってきます。このように「ヒストグラム」を使用すると、自分が調整している内容がわかりやすくなります。

STEP 05 彩度を調整する

「トーン」の下にある「彩度」は、色の強さを調整します。「彩度」の値を低くすると、モノクロームに近づいていきます。

「彩度」は、色の強さ

逆に曇りの日に撮影した映像の色をもう少し出したいという様な場合は、「彩度」の値を高くすると、色が鮮やかになって晴れている日のような色彩になります。

「彩度」の値を高くすると、色が鮮やかになる

▶▶▶ クリエイティブの項目を調整する

STEP 01　Lookを調整する

次は**[クリエイティブ]**の項目を調整していきます。まずは「Look」を調整します。「Look」はエフェクトのようなもので、フィルムで撮影した色合いなどを再現するプリセットが用意されています。

「Look」はプリセットが用意されている

プリセットを適用するには、「Look」をクリックすると表示されるメニューから、適用したいプリセットを選択します。

「Look」をクリックするとプリセットが表示される

プリセットの内容を確認したい場合は、「Look」の下にあるサムネールの左右の矢印をクリックして、気に入ったプリセットを探します。

STEP 02 様々なプリセットの例

Fuji ETERNA 250D Fuji3510

Kodak 5218 Kodak2395

Monochrome Kodak 5218 Kodak2395

SL BLEACH HDR

SL GOLLD RUSH HDR

SL MATRIX GREEN

サムネールの下にある「強さ」のスライダを動かすと、選択したプリセットが適用される強さを調整することができます。

「強さ」を50

「強さ」を200

▶▶▶カラーホイールで調整する

STEP 01 カラーホイールを使った明るさ補正

基本設定では、ホワイトバランスの他、「黒レベル」、「白レベル」、「シャドウ」、「ハイライト」、「露光量」といったプロパティを使って色を調整してきましたが、「**カラーホイール**」では、「**ミッドトーン**」（中間部分）、「**シャドウ**」（暗い部分）、「**ハイライト**」（明るい部分）の3つのプロパティを使って映像の色合いを調整していきます。

たとえば、暗い部分の明るさを調整したければ、「**シャドウ**」の左側のスライダを上下させます。

中間部分を調整したければ、「**ミッドトーン**」の左側のスライダを上下させます。

明るい部分を調整したければ、「ハイライト」の左側のスライダを上下させます。

STEP 02 各部の色合いを調整する

また、「シャドウ」、「ミッドトーン」、「ハイライト」にあるカラーホイールを調整すると、それぞれの部分の色合いを調整することができます。たとえば、シャドウ部分をもう少し青に傾けたいという場合は、「**シャドウ**」のカラーホイール上の青付近をクリックすると、映像の暗部だけ色合いを調整することができます。

同じように中間部分を黄色に寄せたいという場合は、「**ミッドトーン**」のカラーホイール上の黄色付近をクリックすると中間部分が黄色に傾きます。

一番明るい部分の色合いを調整したければ、「**ハイライト**」のカラーサークル上をクリックします。

▶▶▶セカンダリで調整する

STEP 01 特定の色領域を調整する

セカンダリを使用すると、選択した特定の色領域の色だけを調整することができます。たとえば、空の色を鮮やかにしたいとか、肌の色を調整したいといった調整をすることができます。

ここでは、後ろの木々の緑を調整してみます。まずは、「設定カラー」のスポイトをクリックして選択し、背景の樹木の緑の部分をクリックします。

クリックすると色域が選択されますが、そのままではどこが選択されているかわかりにくいので、「カラー/グレー」を「白黒」に切り替えてチェックを入れます。

チェックを入れると、映像が白黒に切り替わります。白い部分は色が選択されている部分で、黒は選択範囲外の部分です。

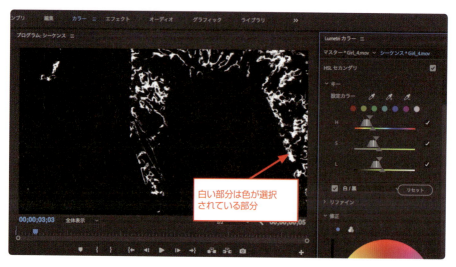

もう少し色の範囲を広げたいという場合は、「白黒」のチェックを外して、「+」のついたスポイトを選択して、広げたい色を映像上でクリックします。もし、逆に色の範囲を狭めたい場合は「-」のついたスポイトで必要のない色をクリックします。

もう一度、「白黒」のチェックを入れると、選択している色域が広がります。

「修正」にあるカラーホイールの「+」をドラッグして色を設定し、選択した色域の色を調整していきます。

このままでは、選択した色域の輪郭がはっきりしすぎているので、そのような場合は「リファイン」の「ブラー」の値を調整してぼかしていきます。

「ブラー」の値を調整して輪郭をぼかす

▶▶▶ビネットを使う

STEP 01 周辺域を暗くして印象づける

ビネットを使用すると、映像の周辺域を暗くもしくは明るくして、映像を印象づける効果を作り出すことができます。

ビネットは映像の周辺域を暗く、もしくは明るくする

「適応量」のスライドを右に移動させると明るく、左に移動させると暗くなります。

「拡張」で明るさを変化させる範囲を拡大縮小します。

「拡張」は明るさを変化させる範囲を拡大縮小する

「角丸の割合」を調整すると、ビネットの形状を四角から丸へ変化させることもできます。

「角丸の割合」はビネットの形状を四角から丸へ変化させる

「ぼかし」を使用すると、ビネットの輪郭をはっきりさせたりぼかしたりすることができます。

「ぼかし」は輪郭をはっきり
させたりぼかしたりでいる

14 プログラムモニターの比較表示を使用する

ここからは、2018年4月にリリースされたバージョン12.1で追加された機能をいくつか紹介します。まずは、プログラムモニターを分割して、クリップ加工のBefore、Afterを比較表示する機能を紹介します。

この機能は元のフレームの状態や、参照する他のフレームと比較しながらクリップを調整することができるので、とても便利な機能です。

▶▶▶▶▶▶▶シーケンスの任意の場所で比較する

まずは、**比較表示**を使ってシーケンスで編集されている映像の任意の2点を比較する方法を紹介します。

STEP 01 比較表示をオンにする

プログラムモニターで比較表示をするには、プログラムモニターの右下にある[比較表示]のアイコンをクリックします。

[比較表示]をクリックする

［比較表示］アイコンをクリックすると、プログラムモニターが図のように分割されます。デフォルトでは左側にはリファリンスフレーム、右側に現在のフレームが表示されます（それぞれのフレームの表示の仕方はP261参照）。

STEP 02 左右の表示を入れ替える

左右の表示を入れ替えるには、プログラムモニターの右側にある［サイドを入れ替え］アイコンをクリックします。

アイコンをクリックすると、リファレンスフレームと現在のフレームが入れ替わります。

フレームが入れ替わった

STEP 03 分割の方法を変更する

比較表示では、デフォルトの状態は横に2画面が並ぶ状態になっていますが、1画面の中で左半分がリファレンスフレーム、右半分を現在のフレームという風に分割することができます。まずは垂直方向に分割してみます。プログラムモニターの中央下部にある[垂直方向に分割]アイコンをクリックします。

[垂直方向に分割]アイコン

1画面の中で左側半分がリファレンスフレーム、右側半分が現在のフレームに分割されます。

[垂直方向に分割]アイコンの右側にある[水平方向に分割]アイコンをクリックすると、1画面が上下に分割された状態になります。

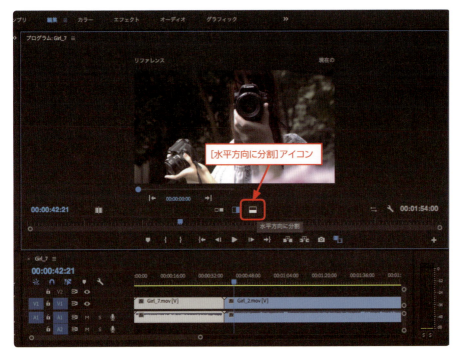

上半分がリファレンスフレーム、下半分に現在のフレームが表示されます。

STEP 04 分割の境界を変更する

垂直もしくは水平に画面を分割している場合には、分割の境界を移動して、リファレンスフレームと現在のフレームを比較しやすくすることができます。分割の境界を変更するには、プログラムモニターにマウスカーソルを持っていくと表示される、青いスプリッターをドラッグすることで境界を変更することができます。

STEP 05 現在のフレームとリファレンスフレームを選択する

分割された画面に表示される現在のフレームとリファレンスフレームは自由に設定することができます。わかりやすく2画面の左右に分けた状態で説明します。

現在のフレームは、再生マーカーのあるフレームが表示されるので、プログラムモニターにある再生マーカーを移動して（タイムラインの再生マーカーでも可）、表示したいフレームを設定します。

リファレンスフレームに表示されるフレームは、デフォルトではシーケンスの先頭フレームが選択されて表示されています。

リファレンスフレームを変更するには、リファレンスフレーム下部にあるタイムコードをドラッグするか、リファレンスフレーム下部にあるシークバーをドラッグすることでリファレンスフレームを選択することができます。

また、タイムコードの両側にあるナビゲーションアイコンをクリックすると、シーケンスの編集点（クリップとクリップを繋げているフレーム）にリファレンスフレームを移動させることができます。

▶▶▶エフェクト適用のBefore、Afterの状態を比較する

次に、クリップにエフェクトを適用したときの、適用前、適用後の状態を2画面で比較する方法を紹介します。

STEP 01 フレーム比較モードに切り替える

エフェクトの適用前、適用後の状態を2画面で比較するには、いずれかの**比較表示モード**に切り替えます。ここでは、[左右に並べる]で比較表示モードに切り替えました。

プログラムモニターにある[ショットまたはフレームの比較]アイコンをクリックします。

左側にエフェクトなどを適用する前の状態、右側にエフェクトなどを適用した後の状態が表示されます。最初は何も処理していないので、両方とも同じ状態のフレームが表示されています。

STEP 02 前の状態を参考にしながらエフェクトを調整する

ここでは、ビデオエフェクトの[Lumetriカラー]エフェクトをクリップにドラッグ&ドロップして適用してみました。

[エフェクトコントロール]パネルで、[Lumetriカラー]エフェクトを開き「色温度」を調整してみました。

「色温度」を調整すると、[後ろ]の画だけが変化するので、[前]の状態と比較しながら値を調整することができます。

エフェクトを適用した現在の状態と、さらに別のエフェクトを適用したり、現在適用されているエフェクトの別のプロパティを調整した状態と比較したい場合は、一度、[ショットまたはフレームの比較]アイコンをクリックしてオフにして、もう一度[ショットまたはフレームの比較]アイコンをクリックします。

すると[前][後ろ]ともエフェクトがかかった現在の状態が表示されます。

次は[Lumetriカラー]エフェクトの「露光量」の値を調整してみます。

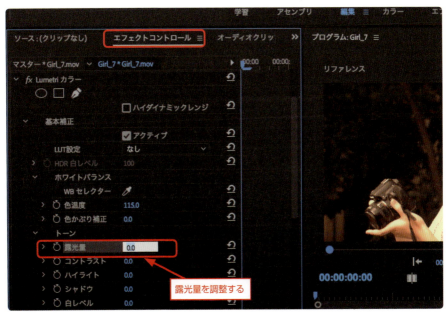

露光量を調整する

［後ろ］の画が変化するので［前］の画の状態と比較しながら調整していきます。

15 ショット間でカラーを一致させる

Lumetriカラーパネルのカラーマッチングオプションを使用すると、シーケンスの中の複数のクリップの内容を比較して、カラーと光量などを一致させ統一感のある映像を作成することができるようになりました。

▶▶▶現在のショットのルックを一致させる

STEP 01 現在とリファレンスフレームを選択する

まずは、画面レイアウトをカラーワークスペースに切り替えます。

表示された[Lumetriカラー]パネルの[**カラーホイールとカラーマッチ**]をクリックして表示します。

[カラーマッチ]の右にある[比較表示]ボタンをクリックして比較表示に切り替えます。

カラーを一致させたいフレームを［現在のフレーム］に表示します。ここでは人物のスキントーンを中心に一致させてみます。

比較するフレームを［リファレンスフレーム］に表示します。

STEP 02 カラーマッチを使用する

［現在のフレーム］に表示されているクリップを選択しておきます。

［顔検出］にチェックが入っていることを確認して、［一致を適用］ボタンをクリックします。

クリップの比較分析がはじまり、現在のフレームの色が変更されます。

現在のフレームの色が変わる

[顔検出]がオンになっていると、スキントーンを中心にカラーマッチングが行われるため、背景の色が不自然になる場合があるので、リファレンスフレームで違うフレームを選択するか、カラーホイールで全体的な色彩を調整します。

背景が不自然な色になることもある

図のような人物にこだわらずクリップ同士のカラーを統一したいときは、[顔検出]のチェックを外して**[一致を適用]ボタン**をクリックします。

[顔検出]のチェックを外す

リファレンスフレーム全体の色調に、現在のフレームのカラーがマッチングされます。人物が写っているからといって、[顔検出]を必ずオンにする必要はありません。[顔検出]の機能は、映像の内容に応じてオンオフして試してみてください。

索引 | I N D E X

数字アルファベット

1フレーム先に進む 27
1フレーム前に戻る 27
3ポイント編集 207
A1 49
A3 49
BGM 94
Encoder, Media 199
fxアイコン 118, 131
Look 241
Lumetriカラー 231, 232
Lumetriスコープ 237
V1 49
V3 49
WBセレクター 232

かな

▶ あ

アイコン表示 16, 21
アウト点 208
アウトをマークボタン 33
アピアランス 196
アルファマット 215

▶ い

位置 128
一致を適用ボタン 276
色温度 233
色かぶり補正 233
イン/アウトデュレーション 35
インサート 208
インサートボタン 57, 61, 154
イン点 208
インをマークボタン 32

▶ う

上書き 211
上書き編集 54
上書きボタン 57, 151

▶ え

エッジ 137
エフェクトコントロール 111, 169
エフェクトのオン／オフ 121

▶ お

オーディオトラック 88
音量 88

▶ か

顔検出 275

書き出し 143
書き出し設定 199
鍵のアイコン 154
カラーカーブ 218
カラーバランス（HLS） 186
カラーピッカー 138, 196
カラーホイール 245
カラーホイールとカラーマッチ 271

▶ き

キーフレーム 90, 180
基本補正 232
キューボタン 199

▶ く

グラフィッククリップ 194
クリエイティブ 241
クリップで置き換え 164
クリップに最適な新規シーケンス 47
クリップのリプレイス 162
クロスディゾルブ 106
黒レベル 235

▶ さ

サイズ 196
再生時の解像度 28
再生／停止ボタン 26
再生ヘッド 25
彩度 240
サブクリップ 37
サブクリップを作成 38
サムネール 16

▶ し

シーケンス 43
シーケンス全体 145
シャドウ 197, 235, 245
出力フォーマット 145
白黒 251
白レベル 235

▶ す

スケール 127, 223
ストップウォッチアイコン 174, 227
ストローク 197
ストローク追加ボタン 137
スポイトツール 232
スライドツール 166
スライドバー 63
スリップツール 165

▶ せ

セカンダリ 250
選択ツール 75

索引 | I N D E X

▶ そ

ソースパネル 12, 23, 25
属性ペースト 181
速度・デュレーション 97, 187

▶ た

タイトル 132
タイムラインパネル 13
縦書き文字ツール 193

▶ ち

調整レイヤー 183

▶ て

テキストクリップ 190
デジタルズーム 226

▶ と

トーン 235
トラック 49
トラックターゲット 155
トラックの高さ 64
トラックマット 212
トラックマットキー 213
トラックをロック 154
トランジション 105
トランスフォームボックス 130
トリミング 75

▶ は

ハイライト 235, 245
バッチング 150
パラメーター 112
ハンドル 171

▶ ひ

比較表示 258
比較表示ボタン 272
ピクチャインピクチャ 122
ヒストグラム 237
ビデオエフェクト 117
ビデオトランジション 105
ビデオのみドラッグボタン 123
ビネット 254

▶ ふ

ふち 137
不透明度 129
ブラー(ガウス) 117, 168
ブラー&シャープ 117
フリーズフレーム 100
フレームサイズに合わせる 223
フレーム保持セグメントを挿入 103

▶ プ

プログラムパネル 13
プロジェクト 8
プロジェクトパネル 12, 18
プロパティ 221

▶ へ

ペースト範囲の調整ウィンドウ 160
ペンマスクツール 178

▶ ほ

ボタンエディターボタン 41
ホワイトバランス 232

▶ ま

マスク 168
マスクの境界のぼかし 171
マスク描画ツール 170, 175

▶ み

ミッドトーン 245

▶ め

メディア 143, 199
メディアブラウザー 15

▶ も

モーション 126
文字ツール 190

▶ よ

横書き文字ツール 133
読み込み 14, 220

▶ ら

ラバーバンド 88

▶ り

リスト表示 16, 21
リップルツール 77
リンクされた選択 72

▶ る

ルミナンス 218

▶ れ

レガシータイトル 132

▶ ろ

ローリングツール 82
露光量 235

▶ わ

ワイプ 111
割り込み編集 56

作りながら楽しく覚えるPremiere Pro
2018年5月31日　初版第1刷発行

●著者　小池拓、大河原浩一
●装丁　VAriantDesign
●動画撮影　加納真
●モデル　長岡あゆみ
●撮影協力　小宮京
●スチール撮影　小池拓
●編集・DTP　ピーチプレス株式会社

●発行者　黒田庸夫
●発行所　株式会社ラトルズ
　〒115-0055　東京都北区赤羽西4丁目52番6号
●TEL　03-5901-0220（代表）　FAX　03-5901-0221
　http://www.rutles.net

●印刷　株式会社ルナテック

ISBN978-4-89977-478-5
Copyright ©2018　Taku Koike, Hirokazu Okawara
Printed in Japan

【お断り】
●本書の一部または全部を無断で複写複製することは、法律で認められた場合を除き、著作権の侵害となります。
●本書に関してご不明な点は、当社Webサイトの「ご質問・ご意見」ページ
（https://www.rutles.net/contact/index.php）をご利用ください。　電話、ファックスでのお問い合わせには
　応じておりません。
●当社への一般的なお問い合わせは、info@rutles.netまたは上記の電話、ファックス番号までお願いいたします。
●本書内容については、間違いがないよう最善の努力を払って検証していますが、著者および発行者は、本書の利
　用によって生じたいかなる障害に対してもその責を負いませんので、あらかじめご了承ください。
●乱丁、落丁の本が万一ありましたら、小社営業宛にてお送りください。送料小社負担にてお取り替えします。